河南省全面推行河长制湖长制
典型案例选编

河南省河长制办公室
河南省水利科学研究院 编

图书在版编目(CIP)数据

河南省全面推行河长制湖长制典型案例选编/河南省
河长制办公室,河南省水利科学研究院编.—郑州:黄河水
利出版社,2021.10

ISBN 978-7-5509-3141-1

Ⅰ.①河…　Ⅱ.①河…②河…　Ⅲ.①河道整治-责
任制-案例-河南　Ⅳ.①TV882.861

中国版本图书馆 CIP 数据核字(2021)第 208801 号

组稿编辑:岳晓娟　　电话:0371-66020903　　E-mail:2250150882@qq.com

出　版　社:黄河水利出版社　　　　　　　　　　网址:www.yrcp.com
　　　　　地址:河南省郑州市顺河路黄委会综合楼 14 层　　邮政编码:450003
发行单位:黄河水利出版社
　　　　　发行部电话:0371-66026940、66020550、66028024、66022620(传真)
　　　　　E-mail:hhslcbs@126.com
承印单位:河南匠之心印刷有限公司
开本:787 mm×1 092 mm　1/16
印张:13
字数:180 千字　　　　　　　　　　　　　印数:1—3 000
版次:2021 年 10 月第 1 版　　　　　　　印次:2021 年 10 月第 1 次印刷

定价:39.00 元

《河南省全面推行河长制湖长制典型案例选编》
编 委 会

主　　编　任　强

副 主 编　霍继伟　徐来阁　雷存伟

编　　委　李智喻　闫长位　王利仁　何心望

　　　　　王洪涛　赵玉良　李松平　许　强

参编人员　崔洪涛　苏晓玉　赵雪萍　李　磊

　　　　　袁　博　李永富　韩中海　程方明

　　　　　徐国敏　王建民　张亚铭　吕亚楠

　　　　　张　哲　卢金阁　李　敏　刘子畅

前　言

　　江河湖泊是地球的血脉、生命的源泉、文明的摇篮,是大自然赋予人类的宝贵绿色财富。2016 年以来,党中央、国务院先后做出全面推行河长制、在湖泊实施湖长制的重大决策部署,习近平在中央全面深化改革领导小组第二十八次会议上深刻指出:保护江河湖泊,事关人民群众福祉,事关中华民族长远发展。全面推行河长制,目的是贯彻新发展理念,以保护水资源、防治水污染、改善水环境、修复水生态为主要任务,构建责任明确、协调有序、监管严格、保护有力的河湖管理保护机制,为维护河湖健康生命、实现河湖功能永续利用提供制度保障。全面推行河湖长制工作是落实绿色发展理念、推进生态文明建设的内在要求,是解决我国复杂水问题、维护河湖健康生命的有效举措,是完善水治理体系、保障国家水安全的制度创新,对保障河南省防洪安全、供水安全、粮食安全和生态安全,加快推进生态文明建设具有十分重要的意义。

　　河南省地处中原腹地,是全国唯一跨海河、黄河、淮河、长江四大流域的省份,也是九曲黄河"豆腐腰"险要地、千里淮河发源地、南水北调中线工程水源地,河流众多、水系复杂,加强河湖管理保护意义重大、任务艰巨。自全面推行河湖长制以来,全省各地坚持高起点规划、高标准要求、高位推动各项工作,建立省、市、县、乡、村五级河长体系和市、县、乡、村四级湖长体系,设立各级河湖长近 5 万名。党政领导全员参与,分别担任境内一条主要河流河长,带头开展巡河巡湖,牵头组织开展河流清洁、河湖"清四乱"、河道采砂整治、河道岸线利用项目等专项整治行动,解决了一大批河湖突出问题,全省河湖生态环境不断改善;健全河湖长制组织体系、创新工作机制,加快推动河湖长制从"有名有实"向"有力有为"转变。

各地在推行河湖长制过程中涌现出了一大批典型经验和先进做法，为及时总结各地的好做法，推广基层典型经验，便于相互借鉴、相互学习、共同提高，2021年4月，河南省河长制办公室在全省范围内组织征集全面推行河湖长制典型案例，各地认真总结、精心组织、踊跃报送案例。受河南省河长制办公室委托，河南省水利科学研究院组织选编了一批典型案例。本书共收录案例30篇，真实反映了省、市、县、乡各级推行河湖长制工作的探索实践，展示了各地在河湖长履职与责任落实、河长办履职能力建设、基层河湖管护队伍建设、河湖长制考核与激励问责、幸福河湖（生态河湖、示范河湖、健康河湖）建设、河湖管护长效机制、河湖系统治理等方面的典型做法与经验，既有主要做法、工作成效，又有经验启示，全方位展示近年来全省在全面推行河湖长制工作方面做出的不懈努力和艰辛探索，供各级河湖长及工作人员学习借鉴。

在案例编审过程中，有关专家对案例质量进行了把关，17个省辖市和济源示范区河长制办公室和有关单位予以大力支持配合，在此一并致以深切谢意。

编委会

2021 年 10 月

目　录

强化检察监督 探索黄河流域
生态保护治理新路径

——河南省推行"河长+检察长"制改革*

【摘　要】　保护黄河是事关中华民族伟大复兴的千秋大计。2018年底以来,在最高人民检察院、水利部的共同领导下,河南省人民检察院与黄河水利委员会、河南省河长制办公室倡议发起沿黄九省区"携手清四乱 保护母亲河"专项行动。行动中,河南省河长制办公室与河南省人民检察院通力协作,同向发力,一批难度较大、社会关注度较高的黄河流域"乱占、乱采、乱堆、乱建"等突出问题得到有效解决。同时,在黄河流域九省区,首倡并推动建立了以行政机关与检察机关河湖治理协作联动为主要内容的"河长+检察长"制,借助公益诉讼为破解黄河生态治理难题贡献"河南智慧"。

【关键词】　清四乱　"河长+检察长"　公益诉讼

　　"河长+检察长"制是河南省河长制办公室和河南省人民检察院落实习近平总书记重要讲话精神、服务保障黄河流域生态保护和高质量发展重大国家战略探索形成的一项制度创新。在河南全省全面推行"河长+检察长"制,对推动全省生态环境综合治理、服务经济社会发展大局,起到了积极作用。一方面,河长制办公室作为议事协调机构,在河湖突出问题整治过程中为各级河长提供意见、建议,确保"携手清四乱 保护母亲河"专项行动的顺利开展,充分发挥了河长的参谋助手作用。另一方面,检察长立足"当好党委政府法治助手"的工作定位,以建立检察机关与河长制办公室及相关行政机关系列协作联动机制、实现行政执法与检察监督有效衔接为主要内容,探索构建协调有序、监管严格、保护有力的河湖管理新机制,发

---

　　* 河南省河长制办公室供稿。

挥检察职能、协助总河长及河长破解河湖治理难题，为检察机关助推河湖生态保护，服务经济社会高质量发展提供了一个新的路径。

一、背景情况

河南黄河处于黄河流域中下游，自陕西潼关进入河南，西起灵宝，东至台前，流经三门峡、济源、洛阳、郑州、焦作、新乡、开封、濮阳等8个省辖市，河道总长711千米。河南黄河两岸堤距一般为5~10千米，河道宽、浅、散、乱，河势游荡多变，河床平均高出两岸地面3~5米，最大悬差达20米，防洪保安任务非常繁重。河南黄河滩区总面积2116平方千米，滩内1312个自然村庄，常住人口约125.4万人，耕地15.2余万公顷，约占滩区总面积的75%，5处国家级、省级湿地自然保护区与黄河河道重合度超过60%，10多处饮用水源保护区，还有1处黄河郑州段黄河鲤国家级水产种质资源保护区。河南黄河河道不仅是黄河行洪、淤沙、滞蓄洪水的通道，也是滩区群众生产生活的重要场所，是中国中部地区湿地生物多样性保护的重要区域，其具有的防洪保安、生产发展、生态环境保护等多种功能既相互依存，又相互制约。中华人民共和国成立以来，在党的领导下，河南省治黄工作取得了举世瞩目的成就，确保了岁岁安澜。但由于自然禀赋、历史原因和长期累积性开发，黄河流域生态保护仍面临不小的压力和挑战。特别是近年来，河南黄河河道内违规建设、非法侵占河道、非法采砂、倾倒垃圾渣土、违法种植阻水片林等行为屡禁不止，人河争地的矛盾日趋尖锐，黄河河道管理面临前所未有的压力和挑战。

在此背景下，最高人民检察院、水利部以全国"清四乱"专项行动为契机，在黄河流域开展了"携手清四乱 保护母亲河"专项行动，在黄河水利委员会、河南省人民检察院统筹协调下，流域九省区于2018年12月在河南共同发表了"郑州宣言"，一场以保护黄河为主题的攻坚战拉开了序幕。

二、主要做法

河南省作为"郑州宣言"的发起省份，大胆创新、率先作为，积极探索了以公益诉讼为抓手的河湖治理保护新机制,通过加强行政执法与检察监督的有效衔接,创新"河长+检察长"机制,实现双赢、多赢、共赢的目标,为幸福河湖建设打牢制度基础。

(一)围绕共同保护母亲河,率先倡议推行治河新模式

2018年7月,水利部在全国部署开展河湖"清四乱"问题专项整治行动。河南省人民检察院、河南省河长制办公室会同黄河水利委员会积极担当、主动作为,共同倡议沿黄九省区检察机关、河长制办公室联合开展"携手清四乱 保护母亲河"专项行动,得到最高人民检察院、水利部的大力支持。2018年12月,最高人民检察院、水利部决定共同开展"携手清四乱 保护母亲河"专项行动,成立专项行动领导小组,将办公室设在河南省人民检察院和黄河水利委员会,具体承担专项行动的日常协调任务。邀请九省区检察院、河长制办公室在郑州举行专项行动启动仪式,通过专项行动实施方案;牵头召开九省区推进会,通报工作,交流经验。在最高人民检察院、水利部专项行动新闻发布会上,河南省人民检察院作为唯一受邀单位介绍情况。

在专项行动中,河南省河长制办公室与河南省检察院通力协作、同向发力,"河长""检察长"充分发挥各自职能,探索形成了"河长+检察长"依法治河新模式。首批选取7个典型历史积案共同治理,通过啃"硬骨头"收到了"查处典型案例、破解一方难题"的良好效果。之后分3批排查"四乱"问题417个,截至2019年底全部整改到位。2019年9月,河南省人大常委会将"河长+检察长"依法治河新模式写入《关于加强检察公益诉讼工作的决定》。为进一步巩固黄河保护治理成效,2020年4月,时任省委书记、省第一总河长、省长、省总河长共同签发第2号总河长令,开展黄河"清四乱"歼灭战,截至2020年底,累计新发现594个问题,已全部整改销号,黄河流域"四乱"突出问题得到有效解决。

(二)聚焦制度创新,探索协同治理新机制

"河长+检察长"治河新模式的核心是贯彻总书记"共同抓好大

保护、协同推进大治理"重要指示,推动行政执法与检察监督有效衔接,实现各部门协同发力。一是建立常态联络机制,促进信息共享。河南省人民检察院、省河长制办公室联合印发《关于设立河南省人民检察院驻省河长制办公室检察联络室的暂行办法》,在沿黄各省率先设立检察院驻省河长制办公室联络室,派驻检察联络员,每周联合办公,开展业务交流,共享执法信息。二是建立办案协作机制,促进案件共办。河南省检察院、省河长制办公室建立"共建清单、迅速交办、督促整改、共同验收"办案协作机制,及时研究解决突出问题和困难,逐件"回头看",有力推动问题整改到位。比如,郑州法莉兰童话王国项目先后受到 9 次行政处罚仍未停止施工作业,河南省人民检察院下达检察建议书后,市、区政府高度重视,加大清理整治力度,迅速彻底整改到位。该案例 2019 年被最高人民检察院、水利部列入生态公益诉讼十大典型案例,在全国推广。三是强化公益诉讼职能,推进依法行政。对负有河湖监督管理职责的行政机关违法行使职权或者不作为,致使黄河流域生态环境受到侵害的,由检察机关依法发出检察建议,督促行政机关履职尽责。截至 2020 年底,河南检察机关共受理黄河流域公益诉讼问题线索 938 件、立案 565件,其中检察机关自行摸排问题线索 469 件、立案 417 件。此后,新乡市一企业勾结有关人员向黄河主河道倾倒危险废液,性质恶劣,危害极大,群众反映强烈。检察机关在依法严厉打击刑事犯罪的同时,同步依法开展行政公益诉讼,向相关职能部门发送检察建议,督促加强全方位、全流程监督,严防违规倾倒行为再次发生;依法开展民事公益诉讼,对造成的黄河生态损害,依程序追究生态损害赔偿责任。四是建立联合专项整治机制,增强执法司法合力。河南省人民检察院与住建部门协同开展城市黑臭水体监督活动,与生态环境部门协同开展饮用水水源地环境保护监督活动,与自然资源部门协同开展露天矿山、绿色矿山、废弃矿山"三山"整治攻坚行动,多方联动,协同作战。五是推进跨区域集中管辖,促进司法公正。建立黄河流域环境资源跨区划案件集中管辖机制,将黄河流域河南段环境资源类刑事案件、公益诉讼起诉案件,集中移送铁路运输法院、检察院管辖,合理配置司法资源、统一司法尺度,确保环境资源保护法律统一正确实施。

郑州法莉兰童话王国违建拆除前

郑州法莉兰童话王国违建拆除后

(三)注重固化提升,全面推行"河长+检察长"制

为进一步巩固"河长+检察长"依法治河新模式成果,河南省在总结经验的基础上,出台《河南省全面推行"河长+检察长"制改革方案》,将改革实践成果上升为制度规范。一是拓展制度内涵。在实施范围上铺开,由省内黄河流域向全省所有河湖全面推行;在协作机制上拓展,由过去主要是检察机关与河长制办公室两家协作,

转变为在总河长统一领导下,检察机关加强与河长制全体成员单位全面协作;在跨区划办案上深化,进一步完善省内黄河流域环境资源刑事案件、公益诉讼案件集中管辖相关配套制度。二是健全组织体系。成立"河长+检察长"制领导小组及联络办公室,组长由总河长或河长担任,检察长担任副组长,成员由检察院、发展改革、公安、自然资源、生态环境、黄河河务局等16个部门和单位负责同志组成。三是厘清各方职责。相关行政机关担负河湖治理主体责任,检察机关履行法律监督责任,各司其责、同向发力,共同维护国家利益和社会公共利益。检察机关对负有河湖监督管理职责的行政机关违法行使职权或者不作为,致使国家利益或者社会公共利益受到侵害的,依法向行政机关提出检察建议,督促行政机关依法履职。四是完善运行机制。推进相关涉河湖治理行政机关和检察机关建立办案信息共享、问题线索移送、调查协作、检测鉴定技术支持等机制。

三、启示经验

通过在黄河流域探索实践"河长+检察长"治河新模式,短时间内集中解决了一批历史陈年积案,为黄河流域生态环境保护探索了河南方案。实践证明,检察机关参与流域生态保护与治理,既是检察机关发挥职能特别是公益诉讼职能优势新的着力点,更是河长制工作实现从"有名有实"向"有力有为"转变的重要途径,有效助力提升了黄河流域生态环境治理保护法治化水平。

(一)"河长+检察长"制为探索生态环境保护公益诉讼新路径提供了有益借鉴

我国公益诉讼制度自2012年立法以来,因缺少激励因素、原告主体太少、被告实力强大等诸多因素制约,进展不够顺利,出现了"舆论热、司法冷"现象。河南省在黄河流域率先探索"河长+检察长"制,检察机关在河长的统一领导下,充分发挥检察机关法律监督职能作用,一方面对损害生态环境公共利益的行为提前介入、主动介入，防止公共利益受到进一步的侵害；另一方面监督政府相关职能部门积极履职、依法履职，防止职能部门慢作为、不作为、乱作为。实践证明，在习近平生态文明思想日益深入人心的大背景下，"河长+检察长"制是开辟生态环境保护公益诉讼的一条有益新路径，必将有力助推黄河流域生态保护和高质量发展。2021年6月，省委书记、省长共同签发河南省第3号总河长令《关于全面推行"河长+"工作机制的决定》，进一步深化河湖长制工作，全面推行"河长+"工作机制，其中全面推行"河长+检察长"制作为首推机制，明确要求以检察公益讼诉制度助力河长制，加强河湖管理保护。

（二）"河长+检察长"制为破解重大疑难涉河问题提供了有力有效新途径

因历史遗留问题、主管部门职能交叉、执法合力不够、背后利益错综复杂等因素制约，导致一些侵占水域岸线、围垦河湖、临河违建、私挖乱采等涉河问题久拖不决，由小问题逐渐发展为"老大难"问题。河南省在黄河流域推行"河长+检察长"制，检察机关通过发出检察建议书督促相关行政机关依法行政，彻底清除了黄河滩区占地约24.7公顷的郑州法莉兰童话王国违建，以及存续多年的30余座砖窑厂等一大批重大涉河违建问题。实践证明，检察机关与河长制办公室及河长制相关成员单位加强沟通协作，探索建立的协作联动机制、实现行政执法与检察监督有效衔接为主要内容的"河长+检察长"制，可以有效破解重大疑难涉河问题。

（三）"河长+检察长"制为探索建立流域环境资源跨行政区划司法保护机制积累了有益经验

河南省检察机关在积极参与黄河流域生态环境公益保护，探索实践"河长+检察长"制过程中，以跨区划检察改革之路，破解黄河生态保护治理难题，推进铁路检察机关转型升级，立足流域治理、服务国家重大战略的跨区划检察改革也取得了初步成效，铁路检察机关集中管辖黄河流域环境资源案件作为一项重要内容写入"河长+检察长"制改革方案在全省全面推行。实践证明，检察机关充分发挥自身定位优势,通过铁路检察机关跨区划改革,集中办理跨黄河流域环境资源案件,推动解决了一批历时已久、难度较大、社会关注的"老大难"问题,以实实在在的办案成效助力黄河流域生态保护和高质量发展,共有8起公益诉讼案件入选高检院典型案例。河南跨区划检察改革工作得到最高人民检察院充分肯定,并在全国跨区划检察改革试点工作会议上做经验介绍。

（执笔人：韩振标　王会军　李智喻　王洪涛）

落实河长责任　守护绿水青山

——郑州市以"二四三二"工作法推动河湖长制规范运行[*]

【摘　要】 河湖长制工作是一项党政负责、部门联动的综合性工作，河湖长是"龙头"，但各级河长多为地方党政领导，河湖长制工作只是其承担的多项工作之一，难以保障河长履职不出纰漏。为进一步规范河湖长制工作，郑州市在全面建立"八长一员、七支队伍"河湖长制组织体系的基础上，围绕河长履职、河长办能力提升和成员单位密切配合，总结制订了"两函四巡三单两报告"工作法，以此建立起河长与河长办、成员单位之间的信息互动，让河长知道应该干什么？怎么干？规范了河长办、成员单位的工作职责，推动河湖长制工作规范化运行。

【关键词】 河长履职　部门联动　"二四三二"工作法

　　全面推行河湖长制工作涉及河湖长、河湖长制办公室和河湖长制工作成员单位三个责任主体，河湖长是"龙头"，是河湖长制工作的核心；河湖长制工作办公室是载体，是河湖长制工作协调联络指挥机构；河湖长制工作成员单位既是解决河湖问题的执行者，又是河湖问题的监管者。三个责任主体紧紧围绕解决河湖问题这一目标，联动开展工作，三者如何联得上、有侧重，已成为河湖长制工作是否见效的关键所在。郑州市结合工作实践，研究提出了河湖长制工作"两函四巡三单两报告"工作法（简称"二四三二"工作法），通过近两年的实践情况看，工作法进一步解决了河湖长、河长办和成员单位怎么干、干什么的问题，有效推动了河湖问题的解决。

一、背景情况

　　自 2017 年全面推行河湖长制以来，郑州市敢于创新、寻求突破，

＊郑州市水利局供稿。

在"4+1"河长组织体系的基础上,探索推出"河长+警长""河长+检察长""民间河长""媒体河长"一系列创新措施,形成了"八长一员"的河湖长制新气象。构建起河湖长制"七支队伍",做到问题有人管,责任有人担,全市河湖长制工作全面扎实推进。

河湖长制是一项党政负责、部门联动、社会参与的系统性工程,省、市、县、乡要分别设立本行政区域内的河湖长,建立以党政领导负责制为核心的责任体系。但各级河湖长多为地方党政领导,一方面因其在经济社会发展中承担的任务较多、工作繁杂,难免出现顾此失彼的现象;另一方面因河湖长制工作涉及面广、专业性强,非主管业务领导任河长,容易出现不知管什么、怎么管的问题。各级河长制办公室作为政府协调议事机构,其主要职能应为服务保障河长履职,落实河长指示,督导问题解决。但在实际工作中,河长制办公室因定位不准、方向不明,易导致河长制办公室成"万能办"。河长制工作成员单位作为河湖长制工作监管和落实主体,有了河长后,在工作中会出现部门不履责,事事靠河长的现象。

如何让河湖长制工作规范运行,郑州市结合工作实际,探索了"两函四巡三单两报告"工作法,推动河湖长制工作规范化运行。

二、主要做法

自"二四三二"工作法实施以来,郑州市河长制办公室向市级河长所提交的 68 份履职提示函,河长们都能批示回复,并安排履职活动;上报的 57 份责任河湖问题提示函,河长们都能批示交办,并明确河长制办公室要督导解决;通过交办单形式解决的河湖问题共计 774 个,成效明显。

(一)"两函"明确河长"干什么"

河长制办公室是河长的参谋机关,河湖的问题信息如何传递给河长?河长具体怎么去做?需要河长制办公室为河长提供一手材料和相关方案。工作实践中,郑州市河长制办公室通过向河长报送履职提示函和责任河湖问题提示函,保障河长及时履职。履职提示函主要提醒其履职尽责,尽快开展巡河活动。内容包括河湖概况、各级河长设置情况、市级河长的职责、河湖主要问题、解决问题建议等。责任河湖问题提示函由市河长制办公室根据各河湖所存在的问题,随时向相应市级河长提交。内容通常包括问题位置、成因、状况、责任单位及建议等。

(二)"四巡"告诉河长"怎么干"

河长巡河是河长履职的一个具体举措,为避免河长巡查河湖形式化,郑州市采取以下措施,让河长通过巡河来解决河湖问题。一是用制度来规范河长怎么去巡。按照《郑州市河湖长制工作河湖库巡查制度》规定,市级河长采取固定巡河与随机巡河相结合的方式,每年完成不少于4次的责任河湖巡查。固定巡河在3月、6月、9月、12月四个月上旬展开,随机巡河由各市级河长视情而定。二是在巡河点安排上以看问题为主。市级河长巡河计划由市河长制办公室协同各市级河长对口协助单位,在暗访和前期巡查掌握河湖问题的基础上共同拟定,巡查点位以河湖存在的问题点为主。三是河长制办公室和河长对口协助单位要连续不断地掌握河湖存在的问题。市级河长对口协助单位应积极协助市级河长履职尽责,按照市级河长指示,对市级河长所负责河湖每季度在市级河长巡河前展开不少于1次的全面巡查,对所发现的河湖问题及时报告市河长制办公室,由市河长制办公室行文报告相应市级河长。巡河中要做到"一访二看三巡",即访问沿河群众了解治河情况;看水体、水生动植物是否正常;看河长公示牌是否有失;巡查河道,是否有涉河四乱问题;巡查岸线,是否存在涉河违法行为;巡查支流,是否存在汇流处水质不达标等问题。

(三)"三单"实现河长"领头干"

河湖长制推行目的是让河长牵头解决问题,指挥下级河长及责任单位履职尽责,通过市级河长下达的问题交办单、任务交办单、督办单,就如同命令一样,倒逼相关单位和个人解决问题。

第一是问题交办单。市级河长对河湖巡查中发现的或市河长制办公室报告提交的各类河湖问题，以问题交办单的形式，交办给县级河长，内容包含解决问题标准、要求、时限等。县级河长接到问题交办单后，及时组织协调相关单位，按照规定时限，迅速展开整改，并及时回复整改情况。

第二是任务交办单。按照"一河（库）一策"方案确定的问题清单、目标清单、任务清单、措施清单、责任清单，结合河湖实际，分级分段确定河湖管理保护和治理的年度任务（问题、任务、责任三个清单），将全年综合目标交办县级河长。

第三是督办单。对于临时性、紧急性问题，诸如人民群众反映强烈、上级部门交办、领导批示、媒体曝光、长期得不到解决的河湖问题，市级河长批交督办单与市河长制办公室予以督办，明确河湖问题解决时限、标准、要求等。

（四）"两报告"倒逼河长"主动干"

报告主要分为问题整改报告及河长履职报告。问题交办下去，问题的成因是什么？怎样落实？落实的效果如何？将问题状况、形成原因、解决过程、解决效果、是否销号及下步打算等说清说准，形成问题整改报告。市级河长设置原则是跨县域设置，因此全年工作完成情况、河湖长履职情况、下一步打算等就要以述职报告形式向上级河长报告，倒逼县级河长主动作为，只有这样，才能有事可担、有为可述。

三、经验启示

"二四三二"工作法推行实现了郑州市河湖长履职规范化、制度化、标准化，让河长制办公室、成员单位、下级河湖长协同运行机制更加规范，对促进河湖治理体系和治理能力现代化也起到了积极作用。

（一）落实河长职责任务，领导重视是基础

领导重视是推进河湖长制工作、做好河湖长制工作的先决条件。郑州市委、市政府党政领导牢固树立"守水有责、守水尽责、守水担

责"的意识,扛起治水、管水、兴水责任,既当"指挥员",又做"战斗员"。市委书记、市第一总河长多次巡查贾鲁河,并主持召开全市河长述职大会,部署安排河湖长制工作,要求立足郑州实际,着眼城市长远发展,把解决好群众反映强烈、直接影响生活质量的水生态环境改善问题摆在更加突出位置,以河长制的有效落实,促进生态环境改善、发展方式转变。副市长、市副总河长亲赴贾鲁河进行调研,积极履行河长责任,在收到关于贾鲁河"四乱、三污"暗访发现问题提示函后,市副总河长立刻联系有关单位到现场进行巡河核查,并召开贾鲁河市级河长会议,分别向沿河有关区县(市)及责任单位下发问题交办单,要求各单位限期整改,并及时提交问题整改报告。

(二)督促河长履职尽责,适时提醒是方法

河长制办公室作为市级河长履职的服务保障机构,在"两函四巡三单两报告"工作法中的主要职责是适时向市级河长发出"两函",提醒河长如期履职巡河、交办河湖问题。每季度临近市级河长巡河履职节点时,郑州市河长办都会向市级河长发出履职提示函,提醒其按时巡河履职。在实地暗访调查的基础上,市河长制办公室还会向对应的市级河长发出责任河湖问题提示函,让其对所负责河湖的问题有全面、准确的认识,巡河时也更有针对性,并及时向下级河长交办有关河湖问题。

(三)协助河长整治问题,共同发力是关键

河湖长制工作的顺利推进,离不开各成员单位的积极协作、共同努力。在"二四三二"工作法的实践中,针对河长交办的河湖问题,各成员单位认真履职,发挥出握指成拳的巨大作用,共同维护郑州市的河湖生态。市城管局持续抓好城市黑臭水体治理、污水收集与处理、"两河一渠"管理等工作,履行对口单位职责,认真配合市级河长开展巡河,及时协调解决问题,反馈河湖问题交办单;市生态环境局以改善水环境质量为核心,以水质达标、水环境改善、饮用水安全为重点,持续推进水污染防治各项攻坚工作开展;市农业农村工作委员会通过大力推进农业面源污染治理以及生态农业建设,助力郑州市河长制工作有序推进;郑州黄河河务局认真落实黄河河道管理联防联控机制,与地方政府、河长制办公室成员单位同向发力,共同打好黄河流域"清四乱"歼灭战,推动郑州黄河面貌持续好转;市司法局作为对口协助单位,主动履职尽责,加强协调督导,全力做好河长巡河及河湖问题整治的督导工作。

（执笔人：岳克宏　姬清）

三专部署　四径发现
五招出击　六法并进

——郑州市全程发力推动河湖"四乱"问题整治*

【摘　要】　河湖"清四乱"专项行动是推动河长制从"有名"向"有实"转变的重要抓手,2018年《水利部办公厅关于开展全国河湖"清四乱"专项行动的通知》下发后,郑州市积极响应,全面抓好"谋划部署、问题发现、整治销号、检查监督"各环节,采取"三专部署、四径发现、五招出击、六法并进"具体措施,有力推动了"清四乱"专项整治工作开展,河湖生态环境明显改善。

【关键词】　专项整治　清四乱　河湖生态

河湖"四乱"问题是影响社会经济发展的一大因素,一些地区河湖上历史遗留问题过多,积重成疾,如非法围垦河道、侵占水域滩地,阻碍行洪等"乱占"问题;未经许可在河道管理范围内采砂,在禁采区、禁采期采砂等"乱采"问题;河道管理范围内乱扔乱堆垃圾、倾倒堆放固体废物等"乱堆"问题;违规建设涉河项目、违规修建阻碍行洪的建筑物等"乱建"问题。这些涉河问题如放任不管,会造成恶劣的影响,甚至危害到国家财产安全和人民生命健康。郑州市河湖"清四乱"专项整治行动一经开展,有效打击了涉河违法行为的发生,构筑了一道坚实的保护网,确保河湖生态恢复,人民生活幸福安康。

一、背景情况

2018年7月《水利部办公厅关于开展全国河湖"清四乱"专项

---

* 郑州市水利局供稿。

行动的通知》下发后,郑州市河长制办公室按照"深排查、多结合、严整治、保效果、防反弹"的工作思路,多措并举整治"四乱",重点河流和一般河湖同步展开,每季度坚持用无人机飞访一次,向责任河长视频汇报一次,集中提示交办一次,会上点评一次,有效地解决了黄河上的法莉兰童话王国、华威保安基地、中牟渣土等重点突出问题;严厉打击伊洛河非法采砂问题,河长、警长、检察长协同发力,盯早、盯小,发现就处置,有效保证区域内河湖的健康运行。

二、主要做法

(一)"三专"部署,统筹谋划推"四乱"

一是设立"专班",建强指挥部。市委书记、郑州市第一总河长高度重视,亲自部署,郑州市成立了河湖"清四乱"专项整治工作领导小组,由市政府主要领导担任组长,相关区县(市)党委书记及相关成员单位主要负责人为成员,全面推动河湖"清四乱"专项整治工作。郑州中牟县狼城岗镇东狼村黄河大堤的堤脚处,有一处堆放建筑渣土的"垃圾场"。开展专项整治后,各部门分工协作,狼城岗镇结合自身工作实际,成立了工作专班,倒排工期、责任到人。一个多星期后,清运工作全面完成。"渣土山"再次披上"绿装",成为专项整治行动成效的缩影。

二是制定"专案",吹响冲锋号。每年年初,郑州市河长办根据全市河湖情况,专题拟定"四乱三污"专项整治方案,对河湖"清四乱"工作进行专项安排。对重点河流重点部署,制订专项整治方案,合力推动落实,如在黄河滩区整治工作中,郑州市明确由市林业局牵头,市自然资源和规划局、生态环境局、水利局及郑州黄河河务局配合,由沿黄各开发区、区县(市)具体落实,对黄河流域突出生态环境问题进行全面整治。在古柏渡蹦极整治时,结合整治对象特点,拟订具体方案,经多方研究同意后,予以实施。

古柏渡蹦极塔拆除工作

　　三是形成"专报",打好攻坚战。形成"周统计、月报告、季通报"与业务部门报告相结合的专项报告制度。市河长办建立详细台账,定期将整改销号情况报告领导小组与相应市级河长,并就推进缓慢问题,提请领导批示交办,督导相关单位,推进问题快速整改。自然资源和规划、农业、林业等部门分别按照违法占地、大棚房整治、湿地管理等政策要求,排查梳理问题,提出整改意见及建议,形成部门专项报告,为河湖"四乱"全面整治提供行业整治要求。

　　(二)"四径"发现,广开渠道查"四乱"

　　在"清四乱"专项整治行动中,如何及时有效地发现并上报问题是至关重要的。郑州市采取"四径"措施,全面发现河湖"四乱"问题,坚决做到不留死角、不留盲区。

　　一是多方巡河发现。市、县、乡、村级河长与河湖巡察员日常开展巡河发现问题,并应用小程序上传河长制信息平台;市级河长对口协助单位每月开展一次"我帮河长去巡河"活动,及时将发现的问题向市河长办反馈。

　　二是明察暗访发现。市河长办每月组织人员开展重点河湖明察暗访,并委托第三方机构利用无人机,对市级河长分管的责任河湖进行航拍暗访,全面排查河湖问题,形成暗访视频,并分行政区域、分河流建立问题台账,挂单销号,做到"四乱"问题"一个都不能少、一个都不能拖"。

三是媒体舆情发现。充分发挥各类媒体的宣传及监督作用,利用网络大数据分析,检索河湖负面报道,并及时上报本级河长、交办下级河长,跟进问题整改全过程。紧盯社会舆情,对民众参与讨论、社会持续关注的涉河问题,及时进行跟踪处理。

四是群众举报发现。扩宽问题发现途径,广纳社会意见,将河湖问题举报电话纳入12345,激发民众保护河湖积极性,广泛收集河湖问题线索。

(三)"五招"出击,立竿见影整"四乱"

郑州市在"清四乱"专项整治行动中,采取"河长带头清、部门联动清、司法介入清、专业队伍清、社会参与清"的"五清"举措,强力推进河湖"四乱"整治工作。

一是河长带头清。按照属地管理原则,"清四乱"工作具体由各级政府组织实施,县级政府是责任主体,区县(市)长是第一责任人,分管领导是直接责任人。郑州市各级河长切实履行管河、治河责任,对辖区的河流"四乱"问题,牵头组织相关部门进行清理整治,敢于叫响"跟我走""看我的",带着问题去巡河,盯着问题不放松,不解决问题不罢休,牵头对乱占、乱采、乱堆、乱建等突出问题进行集中清理整治,做到挂帅又出征、吹号又冲锋、挂名又履职。

二是部门联动清。在"清四乱"专项行动中,郑州市各河长制成员单位主动担责,在具体问题上不推诿,在解决问题上拿真招。建立了周报告、月会商通报制度,每周报告进展情况,每月市总河长组织召开一次会商会,通报各河长制成员单位进展情况,研究分析工作中遇到的难点和重点问题,逐一定出措施,拿出对策,直至问题得到解决。其中,黄河"四乱"问题涉及面广、存在根源深、管理部门多。自然资源和规划、生态环境、农业、水利、林业、河务等部门协调联动,从问题排查、认定到整改,密切配合,唱响河湖保护的"黄河大合唱"。

三是司法介入清。为加强水行政执法与刑事司法衔接机制,发挥检察公益诉讼在水生态环境保护中的作用,郑州市全面推进"河湖长+警长""河湖长+检察长"工作机制。在打击非法采砂中,结合蚂蚁搬家式采砂范围广、昼伏夜出的特点,市河长办联合公安机关及自然资源、水利、交通等相关部门,持续开展夜间联合执法行动,充分发挥公安执法的威慑、震慑作用,有效遏制零星盗采行为。对"四乱"重点问题整治中,通过立案调查、公益诉讼等方式,发挥检察机关的法律监督职能。在惠济区新万国旅游开发有限公司违建项目的整改中,郑州铁路运输检察院牵头开展立案调查,下发检察建议,并在违章建筑拆除过程中紧密跟踪核实,实现黄河滩地原有自然风貌的迅速恢复。

四是专业队伍清。在"四乱"整治过程中,有些问题不是一拆了事、一蹴而就的,不能因治乱而生乱,因除旧乱而生新乱,需要科学组织,正确评估,利用专业力量整治。在荥阳古柏渡蹦极塔拆除时,因塔身和滑索涉及特种装备,拆除现场复杂、技术要求高、安全风险点多,组织不好就可能引发其他事故。为了实现安全整治,荥阳市在全国范围内找寻多家专业公司,在现场指挥部的统一协调下,各单位发挥各自技术优势,密切配合,联合完成拆除任务,为顺利整治提供了安全保障。

五是社会参与清。先后开展老干部巡河、小记者看河、民间公益组织巡河、校园宣传讲河等系列活动。环保公益组织"绿色中原"组成了"我帮河长来巡河"项目组,组织志愿者队伍,定期参与巡河、调查河流生态状况,将巡河过程中发现的问题反映给河长,推动河流治理。开展"清四乱"专项行动进校园活动,通过小手拉大手、一个孩子影响一个家庭、一个家庭感染一片天地的形式,提高公众对"清四乱"的认知度,引导人民群众自觉参与到"清四乱"行动中。

河湖巡察员巡查河道

（四）"六法"并进,多措并举督"四乱"

一是全程跟踪督。市河长办建立周报告、月总结、阶段通报制度,每周收集进度,每月总结成效,分阶段通报各单位整改情况,并适时向市级河长报告、向县级河长通报,同时采取随机督导与定期检查相结合方式,开展现场督导,协调部署相关工作,全程跟进,直至问题解决。

二是媒体跟进督。市河长办同郑州市电视台合作,创办"河长说河"电视问政类节目,曝光问题,带河长到现场,采用现场说河、直面问答、实时解析的形式,倒逼问题整改,促进问题快速解决。

三是纪委参与督。近年来,结合年度主题教育,将河湖"清四乱"纳入漠视侵害群众利益问题专项整治、整治群众身边腐败和不正之风工作当中,制订专项方案,完善措施,明确责任,通过专题推进会、台账管理、联合检查等方式,促进问题解决。

四是信息技术督。郑州市积极利用"无人机暗访"不断发现"四乱"问题,利用河长制信息平台过程管理"四乱"问题处置,助推专项整治落实到位。惠济区投资 150 多万元,通过建立黄河滩区可视化管理信息平台,将"四乱"问题录入系统,并通过实时影像对比,督导问题彻底解决。

郑州市惠济黄河滩区可视化综合监管平台

五是成员单位督。在专项整治中,各市级河长对口协助单位充分发挥参谋助手作用,对照问题台账,现场督导,全程跟进,并定期将检查情况向市级河长报告,针对重难点问题提请市级河长批示交办,并抓好落实,直至问题整改完成。

六是纳入考核督。郑州市委将"清四乱"专项行动开展情况作为重点工作,纳入全市综合考评范畴,计入黄河流域生态保护和高质量发展核心示范区建设、全面深化改革、推进乡村振兴战略实施等三项绩效考核成绩,调动各区县(市)及相关单位的工作积极性,督促问题整改。

三、经验启示

(一)河长重视是推进河湖"四乱"整治的关键

在"清四乱"专项整治行动中,郑州市成立专班,制定专案,市主要领导挂帅指挥,高位推动工作开展,形成专报制度,深入研究解决疑难问题,保证了各单位、各区县(市)都能高度重视、全力配合,营造了社会上下共同发力,齐心治乱的良好氛围。如此高标准、强有力、严要求的组织领导,是河湖"清四乱"工作顺利开展的重要保证。

(二)问题发现是推进河湖"四乱"整治的前提

河湖问题覆盖范围广、隐蔽性强,且处于动态变化之中,整治问题必须先发现问题,如果掌握问题不全面、不动态更新,而追求整治成效将是无本之木、无源之水。郑州市采取"多方巡河、明察暗访、媒体舆情、群众举报"措施,充分体现发现问题渠道广泛性、空间全覆盖、问题动态变化等特点,为后续"四乱"清理整治工作奠定基础。

(三)部门联动是推动河湖"四乱"整治的基础

河湖"四乱"问题,历史遗留问题多,跨多行政区域的现象比较普遍,涉及自然资源与规划、生态环境、交通、农业、水利、林业、河务等多部门,仅仅依靠水利一家难以推动。郑州市坚持问题导向、目标导向,在"清四乱"工作谋划部署、问题发现、整治销号、检查监督各环节,调动相关部门积极性,形成联动机制,推进专项整治行动的快速开展,是"党政领导、部门联动"原则的生动实践。

(执笔人:岳克宏　姬清)

"一渠六河" 治出城市生态名片

——开封市治理城市黑臭水体实践*

【摘　要】　开封"一渠六河"曾是城市的排水沟、黑臭河,承担着城市防涝、污水排放功能,曾经河不成形、污染严重,河水黑臭令沿河居住群众苦不堪言,与深厚的城市文化底蕴和"北方水城"声誉格格不入。近年来,开封市委、市政府落实习近平总书记"两山"理论,以建设黑臭水治理全国示范城市为契机,决心把"一渠六河"打造成造福人民群众的生态河、幸福河。经过4年多努力,期间破解征收、治污、施工、融资四大难题。工程建成后,坚持以河湖长制为引领,引入公司化运作加强后续管理,"一渠六河"已成为全市的生态示范工程,成为了擦亮"北方水城"的金字招牌。

【关键词】　黑臭水体治理　"一渠六河"　水生态文明

2016年1月,习近平总书记在省部级主要领导干部学习贯彻党的十八届五中全会精神专题研讨班上指出:生态环境没有替代品,用之不觉,失之难存。环境就是民生,青山就是美丽,蓝天也是幸福,绿水青山就是金山银山。近年来,开封市认真贯彻总书记"两山"理论,落实《开封市水系总体规划》,抓住全国首批黑臭水体治理示范城市机遇,综合治理"一渠六河",加快消除城市黑臭水体,实现了"水、绿、城"的相融共生。"一渠六河"的嬗变,是开封市践行习近平生态文明思想、"两山"理论,全面落实河湖长制,抢抓黄河流域生态保护和高质量发展战略机遇的生动实践。2020年以来,中央电视台、《人民日报》、《光明日报》等中央媒体连续报道了黑臭水体治理的开封经验。

一、背景情况

开封,自古水系发达,一城宋韵半城水,素有"北方水城"之称,因水

---

*开封市水利局供稿。

而兴盛、因河而传奇。城市建成区现有河流 13 条、湖泊 10 个。20 世纪90 年代中后期起,随着经济社会的快速发展,部分河湖淤积严重、水质污染、滨水景观单调,水系连通不畅,已不适应开封城市飞速发展的需求。以"一渠六河"为代表的市区内河道(西干渠和东护城河、西护城河、南护城河、利汴河、惠济河、涧水河),大量生活、生产污水未经处理直排入河,企业偷排现象时有发生,部分河段还存在垃圾乱堆、乱倒现象,导致水质恶化发臭。为彻底解决这一问题,2016 年,开封市谋划实施"一渠六河"综合治理工程,总投资 37.5 亿元,治理河道长度 28.6 千米,是开封市迄今最大的单体民生工程。在市委、市政府的坚强领导下,经过 4 年多的奋勇拼搏、系统建设,已成为"黄河明珠、八朝古都"的生态名片,全面提高了城市综合竞争力,提升了群众幸福感。

东护城河治理前

"一渠六河"综合治理工程

二、主要做法

(一)注重规划,系统治理

2013年,开封市结合城市建成区河湖现状和存在的突出问题,系统地编制了《开封市水系总体规划》,经市政府批复。在治理过程中坚持水岸同治、共同发力。从河道截污纳管、排水管网改造完善、污水转运处理能力提升、河道生态环境治理、河道活水引入补源等五个方面综合发力,全面开展黑臭水体治理,实现水活流清,不仅消除了黑臭水体,而且打造了路畅、岸绿、景美的景观带,营造了群众可直达水边、与水亲近、"人在河上走"的亲水意境,曾经的臭水沟变成了跃动在城市版图上的一条绿意醉人的景观长廊,实现了1条环城滨水风景绿道串联5个城门节点,打造出5个滨河公园和8段特色滨水岸线。

坚持系统治理,兼顾文化功能。重新梳理沿河市政设施,"天上蛛网"全部入地,露出城市"天际线",地下各种管线各就其位、有序排列;沿河周边进行大规模立面改造,突出美观、实用和文化特色,打造城市名片,将护城河两岸打造成为市民滨水宜居的城市景观廊道;除工程原有设计设施外,更延伸一步,把道路、铺装等民生设施修到群众家门口,修到群众"心坎里"。

(二)直击矛盾,勇破"四难"

开封市作为八朝故都,河道变迁大、历史遗留问题多,在实施"一渠六河"综合治理工程中,面临着钱从哪里来、沿河部分群众如何平稳搬迁、黑臭水体如何根治、城市河流狭窄如何施工等诸多难题。开封市委、市政府不等不靠,主要领导亲自安排部署、靠前指挥、现场办公,逐一破解难题。

一是破解融资难题。借助国家政策,成功运用PPP融资模式,不到半年完成了按常规需要一到两年才能打通的融资渠道,工程建设不再发愁"巧妇难为无米之炊"。

二是破解征收难题。创新征收机制,实行"阳光征收",将征迁范围、标准向社会公布,变暗补为明补,坚持"一把尺子量到底",让群众搬得安心、走得舒心、安置放心。短短两个多月,"一渠六河"全线就完成了涉及 5 个市辖区 2200 多户、建筑面积 33 万平方米的房屋征收任务，开创了开封市线性工程征收的新模式、新速度。

三是破解治污难题。坚持综合治污，集河道清淤、河岸生态、生态修复、截污纳管于一体的综合治理，同时改造完善排水管网、提升污水转运处理能力。相关部门分别牵头对企业、餐饮业等不符合要求的排污设施进行改造，对住宅小区开展化粪池改造，不断完善污水管接户工作，努力提升污水收集率。实施黄河大街、晋安路、宋城路、西环路、滨河路、建设路东段、新宋路、东京大道等道路的排水改造工程，提升污水输送能力。实施东区和西区污水处理

截污管道安装

厂扩容工程，北区净水厂建设工程，东京大道雨水泵站、汴京路雨水泵站等全市 17 座泵站的改造工程，提升污水转运处理能力。

东护城河海洋馆段河道黑臭水体淤泥清理

四是破解施工难题。开封市城区地上、地下管线复杂繁多，迁改难

度大;河道两侧居民较多,施工空间狭小,部分段落基本没有机械设备作业面;东护城河宋都市场段因种种原因拖了近两年。此外,扬尘管控和新型冠状病毒肺炎疫情防控都对施工造成不小压力。为抢夺失去的时间,精确项目时间、目标,施工方实施设计、施工同步穿插进行;增加人员配备,做好人员调配;疫情防控期间,外地工人回不来就在本地招,边培训边干活,确保人员够用、足用;参建各方不仅攻克了地质条件复杂的难题,而且取得了一系列科研成果和建设管理经验。

(三)建立机制,确保永续水清

在建好的基础上,如何确保"一渠六河"永续水清,成为"一渠六河"管护的最后一道难题。

落实河湖长制,从领导层面做起压实管护责任。"一渠六河"由3名市委常委担任市级河长,设置区、办事处、社区河长20余名,由各级河长统筹协调岸线管护、用水调度等影响河道环境和水质的问题。

引入公司化运作,按景区标准实施清洁保洁。市政府每年投入900余万元,通过招标投标,由中科水务全面负责"一渠六河"清洁保洁,沿河安排保安70人、保洁员200人,从根本上解决了日常清洁保洁难题。

"一渠六河"的建成,不仅让开封市新老城区水系贯通,再现"北方水城"梦幻场景,而且实现了黄河与淮河两大水系的连通,"输水线"也成为一道"生态线",让水活起来、净起来、清起来,真正让黄河造福于民,奏响黄河流域生态文明和高质量发展的时代强音。

三、经验启示

(一)高度重视,抢抓机遇

一直以来,开封市高度重视水问题,针对城区水系谋划了一批建设项目,但由于地方财力有限,项目进展较慢。"机会总是留给有准备的人。"2018年,财政部、住房和城乡建设部、生态环境部组织申报黑臭水体治理示范城市,开封市紧抓机遇,在短时间内形成治理方案并通过国家部委考核,成功入选。这主要归功于开封市高度重视黑臭水体治理工作、有长期谋划的准备和经验、形成的方案着眼实际且具有较强的操作性。入选示范城市、获得国家财政资金支持,进一步坚定了开封市黑臭水体治理工作的决心和信心。

(二)水岸同治,系统治理

黑臭水体治理,表现在水里、根子在岸上。开封市在治污过程中,始终贯彻系统治理的理念,不仅注重河道治理,更注重管网完善、处理能力提升、生态修复提质、长效机制建立,坚持统筹解决黑臭水体治理的难题。比如,在对"一渠六河"进行截污纳管、垃圾清理、河道疏浚、生态修复的基础上,更新改造城区 17 座泵站,城区上游新建北区净水厂,对原有污水处理厂进行扩容改造,使全市污水日处理能力由 33 万吨提升到 47 万吨,同时结合城市老旧小区改造,逐步对老旧小区、城中村进行雨污分流,实现污水收集处理的提质增效。

(三)创新机制,加大投入

黑臭水体治理是持续性工程,资金需求量大,"钱从哪儿来"是大问题。开封市财政底子薄、历史负担重,单靠财政投入很难满足黑臭水体治理要求,因此充分发挥中央资金的撬动作用,利用中央补助的 6 亿元资金,采用 PPP 模式、特许经营模式开展了"一渠六河"和涧水河建设、北区净水厂、污泥处置、东区和西区污水处理厂扩容、包公湖污水处理厂、华夏大道建设等项目,有力支撑了黑臭水体治理工作。

(四)建管并重,长治久清

如河加强"一渠六河"工程后续管理,开封市全面落实河长制,市领导带头巡河;建立垃圾收集转运和处理体系,明确责任人;建设全市水环境监测管理系统,对全市黑臭水体和排污口定期监测评估;通过12369 环保举报热线和 12319 城市管理热线建立信息公开、公众举报及反馈机制;将黑臭水体治理和海绵城市建设有机结合;引入规范化的保洁公司,实现日常管理无死角。

(执笔人:张仲鹏　陈复强)

建设生态秀美家园
伊洛瀍涧焕发新活力

——洛阳市以河长制为抓手建设
生态宜居家园的实践 *

【摘　要】　随着洛阳市经济社会的快速发展,水资源、水环境、水生态逐渐成为制约城市发展的重要因素。为改善城市河渠生态环境,2017年以来,洛阳市以全面推行河长制为总抓手,坚持高位推动,实现河长全覆盖;坚持齐抓共管,集中整治河湖突出问题;着力推进"四河同治、五渠联动",河湖环境持续改善;积极融入黄河流域生态保护和高质量发展国家战略,治水兴水思路不断完善。落实好河长制的各项任务,必须要坚持人民至上,注重民生保障;必须要坚持高位推动,狠抓工作落实;必须要坚持部门协作,解决突出问题,最终才能消除河湖常年积累下来的"老毛病",实现河湖环境生态美丽。

【关键词】　巡查员　四河同治　五渠联动　示范河湖

全面推行河长制,是党中央从人与自然和谐共生、加快推进生态文明建设的战略高度做出的重大决策部署,是习近平总书记就破解新老水问题、保障国家水安全方面的重大制度创新。2019年以来,习近平总书记先后在黄河流域生态保护和高质量发展座谈会和推进南水北调后续工程高质量发展座谈会上发表重要讲话,对河南生态保护提出了新的要求。洛阳市作为河南省黄河流域重要节点城市,积极融入国家战略,以全面推行河长制为抓手,大力开展治水兴水行动,谱写了水清岸绿惠民生、一河清水入黄河的生态篇章。

＊洛阳市水利局供稿。

一、背景情况

洛阳地跨黄河、淮河、长江三大流域,伊、洛、瀍、涧四条河流穿城而过、淙淙流淌,在千年帝都的文化记忆中,扮演着举足轻重的角色。"洛水桥边春日斜,碧流轻浅见琼沙。无端陌上狂风急,惊起鸳鸯出浪花。""伊洛泛清流,密林含朝阳。"唐人纷繁的诗句中,记述了洛阳城人水和谐的美景。

但是在20世纪90年代,由于缺少综合治理,洛阳城区河道两岸杂草丛生、荒滩裸露、垃圾遍地、污水横流,周边环境很差。河道内高滩较多,阻水严重,堤防不连续,防洪标准只有10~20年一遇,存在较大的安全隐患。

为提高防洪标准,改善生态环境,1995年起,洛阳市逐步加大对伊、洛、瀍、涧等河流综合治理,特别是2017年开始,洛阳市委、市政府以全面推行河长制为总抓手,以"四河同治、五渠联动"综合治理为重点,对市域内伊河、洛河、瀍河、涧河,市区内中州渠、大明渠、铁路防洪渠、秦岭防洪渠、邙山渠进行综合治理,唐诗中的河流迎来了自己的河长。在各级河长推动下,以伊、洛、瀍、涧为代表的河流发生了变化,河道再次整洁干净、河岸再次鸟语花香、河水再次清澈明亮,河水映照下的千年帝都再次焕发勃勃生机。

二、主要做法

(一)高位推动,三千河长实现全覆盖

洛阳市把推行河长制作为加强生态文明建设的重大制度安排,市委常委会、市政府常务会、市深改会分别进行专题研究,市委、市政府主要领导亲自安排部署,做到了高位推动,真推真动。

2017年10月,全市各级河长制实施方案全部出台,其中市级方案1个、县级方案18个、乡级方案183个、村级方案2204个;各项工作制度全面建立,除按上级规定要求建立了河长制6项制度外,还结合洛阳市实际,创新出台了联席会议、基层巡河、联合执法、河长巡查等4项制度。2018年以来,洛阳市又出台了民间河长、企业

河长制度,"河长+检察长+警长"联动机制,河长制体系更加健全,工作落实更有保障。

目前,全市范围内市、县、乡、村四级共设立河长3122名,其中市级河长10名、县级河长220名、乡级河长787名、村级河长2105名。设市县两级河道检察长117名、河道警长134名,选聘河道巡查员2346名、民间河长256名、企业河长263名,大量的小型河流水系实现从"没人管"到"有人管"的转变,有效推动解决了一批长期存在的河流水系管理难题。

(二)齐抓共管,河湖突出问题得整治

河长制是一项创举,是解决水问题的制度创新。解决河湖突出问题,需要各部门齐抓共管,社会各界广泛参与。

经过努力构建,洛阳市河长制工作协同机制初步建立。河长对口协助单位职责进一步明确,出台了《洛阳市市级河长助理单位职责》,做到河长制各成员单位为各级河长服务责任清、任务明。

全社会广泛参与河湖治理。洛阳市面向全市选聘民间河长、企业河长,出台了《洛阳市河长制民间河长实施办法》和《洛阳市河长制企业河长工作实施办法》,明确了工作职责,广泛发动公众参与,织密了全市河渠管护网络。

群众参与,河道来了巡查员。洛阳市按照每2~3千米配备1名基层河道巡查员标准,采取政府购买服务形式,选聘河道巡查员2346名,打通了河湖管护"最后一公里"问题。

积极开展常态化河流清洁行动。洛阳市河渠管理处负责城区河渠水利设施及环境卫生管理工作,每天组织对河渠环境进行巡查保洁,每周开展集中清洁行动,保证了河渠清洁,环境优美,给市民创造了良好的休闲空间。

开展河湖"清四乱"专项行动。2018年以来,先后开展了河湖"清四乱"、黄河"清四乱"歼灭战等一系列行动,共清理台账内河湖"四乱"问题177个;采用无人机对全市河湖进行智能化巡检,排查整改2888个疑似"四乱"问题。累计清理非法占用河道岸线2.9千米,清理建筑和生活垃圾 30 余万吨,拆除各类违章建筑 372 处,实现河湖"四乱"动态清零,河流环境和管理秩序进一步改善。

完善问题处置"五五四"机制。推动河湖"清四乱"治理常态化、规范化,探索建立了"五五四"问题处置机制,即河长巡河、暗访排查、视频监测、群众举报、舆情监控"发现问题五渠道";向市级河长及助理单位、市级检察长、警长、市直相关职能部门、县级第一总河长、总河长和副总河长、县级河长办"交办问题五同时";问题整改、打击违法、人员问责、长效机制建立"整改问题四到位",极大地推动了问题的及时发现和有效解决,促进河长制见质见效。通过建立"五五四"机制交办问题 3000 余个、党纪处分 4 人、诫勉谈话 3 人、约谈 8 人、通报批评 11 人。

打好水污染防治攻坚战。2017 年全市省定流域 18 个重点工程基本完成;涧河、瀍河综合整治成效明显,治理任务总体完成;77 个省定农村环境整治任务、8 项市级饮用水源整治任务、6 大重点行业清洁化改造任务全部完成;18 个省级以上产业集聚区均实现污水全部收集处理、全面达标排放。7 个国控、省控监测断面均达到规划水质标准。

通过专项整治行动,河湖突出问题得到治理,河湖面貌为之一新,为洛阳市生态文明建设开创出崭新局面,营造出浓厚氛围。

(三)四河同治,大美洛阳人水和谐

山川秀美的关键在"水",生态文明的重点也在"水"。穿城而过的伊、洛、瀍、涧四条河流,绝非一般意义上的自然河流水系,其对华夏文明的形成和兴盛、对中国历史的发展和进步发挥了重要作用。可以毫不夸张地讲,伊、洛、瀍、涧四条河流,是华夏文明之摇篮、隋唐运河之中枢、千年帝都之龙脉、现代洛阳之灵秀。如何以四条河流为依托,建设水生态文明,建设大美洛阳?

洛阳市决定以河长制为重要抓手,以"四河同治、五渠联动"为切入点和着力点,通过截污治污、引水补源、河道整治、游园建设、路网完善和沿河棚改,实现水清、岸绿、路畅、惠民的目标。

"四河同治、五渠联动"工程，主要内容是对洛阳市域内伊河、洛河、瀍河、涧河和中州渠、大明渠、铁路防洪渠、秦岭防洪渠、邙山渠进行综合整治。坚持源头管控与末梢治理并重，统筹推进水、城、山、田、园、林、路等综合治理提升，实施截污治污、引水补源、湿地游园、河道治理、路网建设、沿河棚改等重点工程，268千米河道综合治理、两岸生态改善、绿色生态走廊贯通。市县两级饮用水源地整治全覆盖，沿线排污口全部截流，黑臭水体动态清零，城市污水集中处理率达99.3%，全市优良水体比例达85%。河道防洪能力进一步提高，总体面貌明显改善，生态环境得到有效保护，形成了布局合理、丰枯调剂、多源互补的河流水网体系，水清、岸绿、路畅、惠民的目标基本实现。

引来黄河水，孟津县瀍源公园生机勃勃，风景如画

伊滨公园成为群众休憩身心新乐园

洛河洛宁段,推进洛河综合治理打造绿色生活长廊

(四)示范引领,生态文明谱写新篇

习近平总书记提出黄河流域生态保护和高质量发展战略后,洛阳市作为黄河流域重要节点城市,积极融入国家战略,不断完善治水兴水思路,提出"生态保护为先、确保安澜为底、统筹治理为要、传承文化为魂、高质量发展为本"的治理新理念。2019年,伊洛河入选示范河湖建设,通过一年时间,统筹推进水资源利用、水生态修复、水环境治理、水灾害防治、水文化传承,完成了示范段的河长制责任体系、制度体系、基础工作、管理保护、水域岸线空间管控、河湖管护成效、示范创新等七大任务,成功创建全国示范河湖,谱写了水清岸绿惠民生、一河清水入黄河的生态篇章。

三、经验启示

(一)坚持人民至上,注重民生保障

绿水青山就是金山银山,环境就是民生,青山就是美丽,蓝天也是幸福。保护和改善河湖水生态环境,为群众提供更多的优美生态环境产品,是关注民生、保障民生、改善民生的重要体现,是民之所望、施政所向。洛阳市以河长制为平台,把为群众提供生态美丽河湖作为新时代的工作着力点,把群众关心、社会关注的河湖生态环境作为攻坚目标,让昔日行人避之唯恐不及的河流重现碧波荡漾的景象,人民群众的获得感、幸福感、安全感明显增强。

(二)坚持高位推动,狠抓工作落实

河长制实质上就是党政领导负责制,河长是河湖治理管护的责任主体和直接责任人。推动河长制各项任务落地生根,必须坚持党政同责,抓住党政负责同志这个"关键少数",形成一把手抓、抓一把手的压力传导机制,把中央、省、市生态文明建设和河湖治理各项工作及要求落到实处,才能从根子上解决河湖生态环境问题。洛阳市各级河长认真履行河长职责,主动扛起河湖管理保护责任,在落实河长巡河、治河、护河责任上主动作为、勇于担当,发挥了"头雁效应"。

(三)坚持部门协作,解决突出问题

山水林田湖草是一个生命共同体,必须坚持区域共治,统筹好上下游、左右岸、干支流;必须坚持水岸同治,统筹好陆上水上、地表地下,统筹好水资源保护与水环境治理,统筹好河湖生态空间管控与水污染防治;必须坚持部门协作,统筹好各部门职责,落实各项水环境治理任务。洛阳市各级河长履职过程中,聚焦"盆"和"水",紧盯"责任田",真正做到情况明、责任清、心中有数,统筹谋划、系统治理,确保措施实、督查严、办法活,最终才能消除河湖常年积累下来的"老毛病",保障河湖"顽疾"一个个被治愈,实现洛阳市生态美丽河渠。

(执笔人:郭云飞 李瑞)

强化河道采砂管理
促进生态经济协同发展

——平顶山宝丰县探索河道采砂管理新模式 *

【摘　要】　平顶山宝丰县深入贯彻习近平生态文明思想,坚持"绿水青山就是金山银山"理念,按照省市两级关于河道采砂管理工作的总体安排部署,以河湖长制为抓手,积极探索实践新形势下河道管理工作的新思路、新举措,从规范合法采砂、打击非法采砂、修复河湖生态等方面入手,促进全县河道采砂管理工作向正规化、规范化迈进,为县域经济发展提供了有力的保障。

【关键词】　采砂管理　河湖长制　经济发展

宝丰县位于河南省中西部,属平顶山市下辖县,西倚伏牛山脉,东瞰黄淮平原,沙河润其南,汝水藩其北,总面积722平方千米,辖9镇3乡1个办事处2个示范区,总人口52万人。宝丰县境内河流属淮河流域沙颍河水系,流域面积在10平方千米以上的河流共17条,其中14条属于北汝河水系,3条属于沙河水系。流域面积在200平方千米以上的河流有3条,分别是北汝河、石河、净肠河,有中小型水库16座。近年来,宝丰县以河湖长制为抓手,探索创新河道采砂管理新路径,取得显著成效。

一、背景情况

宝丰县河道砂石资源分布较为集中,主要分布于北汝河,石河等河道有零星节段分布砂石资源。北汝河宝丰段西起赵庄镇范庄村,东至石桥镇吕寨村,属宝丰县和郏县的界河,境内全长26千米。由

＊平顶山宝丰县水利局供稿。

于河段较长,管理难度较大,私采乱挖现象比较严重。

2012 年,宝丰县率先在全市编制了《北汝河宝丰段河道采砂规划》,划定了可采区和禁采区,由县水利局和县财政局联合每年组织 1 次公开拍卖,并按照有关规定,为中标采砂户办理了采砂证。由于每年拍卖标段多,采砂点多而分散,中标的都是私营企业或个人,法律观念淡薄,给日常管理带来诸多不利因素。在认真总结经验教训后,宝丰县委、县政府多次研究部署河道采砂管理工作,紧紧依靠河湖长制平台,在河道采砂管理实践中逐步确立了规范合法采砂、打击非法采砂、修复河湖生态的工作思路,通过市场化运营,在体制机制建设、管理模式创新、信息化监管、绿色生产等方面积累了可借鉴推广的经验。

二、主要做法

(一)严格审批许可,规范合法采砂

1. 程序化审批许可

明确水利部门及其河道管理机构是河道采砂管理主体,行使河砂资源的综合管理权,负责河砂开采、运销和储存的监督管理,同时,水利与自然资源、交通等部门按照职责权限实行联审联批,确保采砂许可合法合规。每年年初,按照河道采砂"统一规划、统一发证、统一开采、统一销售、统一收益分配、联合执法"的"五统一联"原则和《关于北汝河平顶山段河道采砂规划(2017—2021 年)》有关要求,编制《宝丰县河道采砂年度实施方案》(简称《实施方案》),《实施方案》中明确采砂时间、采砂范围和开采数量等内容,同时划定了开采红线,列出河道采砂负面清单,为全年采砂管理工作提供科学依据。《实施方案》编制完成后经过市级水行政主管部门批准后实施。

2. 国有化运营管理

按照"治理与经营兼顾,疏浚与采砂结合"的原则,实施河道采砂管理模式改革,全力推行河道砂石资源经营国有化,县委、县政府

多次组织水利、自然资源、市场监管、交通、财政、公安等部门召开联席会议,研究砂石资源国有化经营有关事宜,加速完成国有资本控股砂石公司组建工作。国有砂石公司成立后,实行封闭式、工厂化、生态型、标准化作业,实现了"禁得住、管得死、收益高、不出事"的管理目标。通过对河道砂石资源的统一经营,规范了砂石行业的市场秩序,有力保障了市场需求,综合平衡供需关系,从一定程度上遏制了非法采砂不断加剧的势头,起到了平抑砂价、稳定市场供需关系的作用。

3. 多样化监管赋能

宝丰县不断强化"人防+技防"手段应用,充分借助高科技手段,全面提升河道采砂监管效率,建立完成了宝丰县智能采砂管理系统,对砂场所有工作流程进行 24 小时全方位监控和自动预警,提高工作效率,降低管理成本,做到监管与运营销售的全过程、全链条对接,以监管促进运营销售高质量运行。每年防汛检查、安全生产大检查均将河道采砂安全作为一项重要内容。同时,加大日常巡查力度,对违反采砂管理规定、影响河道安全的行为,及时提出整改意见,责令限期进行整改,有效地保障了河道行洪和水利工程安全。

(二)开展专项行动,打击非法采砂

宝丰县统筹推进规范合法采砂、打击非法采砂工作,通过专项行动的有效开展,逐步形成了预防、教育、打击、移送的工作闭环,做到发现一处、查处一处,坚决遏制了非法采砂问题,形成了高压震慑态势,确保河道采砂秩序总体稳定可控。

1. 开展打击非法采砂专项行动

2018 年以来,宝丰县委、县政府先后组织开展了多轮次的专项行动,重点打击游击式零星盗采、规模化私挖乱采等问题,做到露头就打、违反必打。在各类专项行动中,全县各级各部门累计出动人员 2255 余人次、机械 853 台次,对全县 28 家砂石加工企业中的 21 家非法加工企业进行拆除,拆除各类违章作业设备 209 套(件),撤出采砂船只 1 艘,拆除违章建筑 9 处,推平清除弃料 287 万立方米,平整河道和砂坑回填约257.3公顷。通过专项行动的有效开展,逐步构建起了整治河道采砂的新格局。另外,宝丰县还以清除垃圾、清理杂物杂草、清洁水面、河床平整、整治岸线为重点,持续开展了"清四乱"、清河等专项行动,共出动人员1740余人次,出动铲车、挖掘机、工程车等大型作业机具226余台次,共清理河流范围内垃圾、淤泥、杂草、漂浮物共计6250余立方米,清理河道(包括坑、塘、沟、渠)长度27000余米,疏浚河道和引水渠295余千米,平整河床175余千米。

北汝河宝丰县赵庄镇段拆除砂场

2. 建立河道采砂整治长效机制

先后制定了《宝丰县河道采砂集中整治工作方案》《平顶山市北汝河宝丰段河道生态修复开采实施方案》等10项规章制度,印发了《全县河道采砂集中整治排查表》《全县砂石加工厂排查表》,为彻底整治非法采砂提供了制度依据。同时,将打击非法采砂与"扫黑除恶"专项行动紧密结合,加强与行政执法、刑事司法的有效衔接,配合公安机关开展联合执法行动,编制印发了《宝丰县"扫黑除恶"专项斗争河道私采乱挖、执法不公线索排查表》,对涉砂的有关涉黑涉恶线索进行移送,有效地斩断利益链条,为规范全县河道采砂活动、依法行政、依法管理奠定了坚实基础。

(三)及时修复河道,保护河湖生态

生态修复是河道采砂规范化管理的重要环节,目的是恢复自然河道、塑造健康形态,充分发挥生态保护与资源开发综合效益。

1. 坚持边开采边修复

宝丰县从顶层设计到法规落实,从部门联动到采砂管理探索,严格按照生态修复型河道采砂试点方案要求,采取高挖低填的方式对河道内砂坑和砂堆进行平整,在采砂的同时对主河槽及岸坡进行整治,边采砂,边回填,修复以往采砂后形成的坑洼不平的河床,确保年度采砂方案实施完成后形成一段河势顺畅、河槽规整、河底平整、岸坡清晰、水清岸绿的良好生态环境河道。

北汝河宝丰县赵庄镇河道采砂生态修复后的河道

2. 实施生态廊道建设

根据县委、县政府关于完善提升林业生态廊道和农田林网的目标任务,对应河、石河、泥河、马沟河、荒沟河、燕子河等河道两侧按照一河两行树、一河一路三行树的农田林网建设要求,于2019年冬和2020年春进行了植树绿化。据统计,2020年度共新栽女贞、柳树、槐树、楸树等16000余棵,仅在引汝入宝水系连通工程肖旗乡韩店村南出口处新栽绿化树木2200余棵;完成2条主要河流上游水源涵养林和护岸林建设7.6千米,面积120公顷;有效提升了河道的生态效益和景观效果,达到了岸绿、景美的目标。2020年完成造林任务840公顷,湿地总面积达到约187公顷,保护面积167.3公顷,保护率89.49%。

宝丰县引汝入宝肖旗乡干渠两侧生态廊道

三、启示经验

(一)充分借助行政力量,提升采砂管理综合效益

依靠河长制平台,建立"党政领导、部门联审、国有运行、全程监管"的河道采砂工作格局,理顺运行机制,完善管理架构,建立水利、公安、自然资源、生态环境、交通运输、市场监管等多部门齐抓共管的河道采砂监管模式,协调各方力量,形成管理合力。通过建设国有砂石公司,实施生态修复型采砂,已累计实现营业收入13000万元,上缴各项税费3828万元,净利润1007万元,有效规范了砂石市场,满足了市场需求,取得了良好的经济效益、生态效益和社会效益。

(二)充分借助司法力量,增强非法采砂打击力度

持续加强与公安、法院、检察院等司法机关的合作,开展区域行刑衔接机制研究,以"扫黑除恶"专项斗争为契机,建立公安机关协助行政执法调查和提前介入制度,保障案件顺利移送;做好探索砂石价值鉴定工作规范、案件移送标准、公益诉讼案件办理流程,明确行政部门和司法机关各自职责,加强执法联动,规范涉河刑事案件

和公益诉讼案件等衔接程序,促进案件规范办理。同时,加强水行政执法队伍的自身建设,组建政治过硬、业务过硬的执法队伍,加强非法采砂查处力度,真正从源头上杜绝非法采砂死灰复燃。

(三)充分借助科技力量,提高河道采砂监管效率

河道采砂监管应当紧扣河长制"网格化管理、闭环式治理"的内在要求和涉河人员工作需求,探索创新河道监管和采砂管理模式,采用大数据、云计算、物联网、移动应用等技术,整合各方资源,构建层级互连、横向兼容、要素齐全、高效联动的管理信息系统,使基础信息、监测信息、业务管理信息等汇集数据在地图上可以直观地展示,提供列表、图表、视频图片、地图定位等展示方式,达到"直观展示、实时监视、协同理事、智能考核、安全好用"的效果,助力河长制六大任务落实,管好人、管好事、管好河,不断提高监管信息化管理水平,推进采砂智能信息化监管建设,实现对河道采砂作业的全河段、全天候动态监控,为规范采砂管理、强化水行政执法提供技术支撑。

(执笔人:李鑫)

水润千年古县　蝶变水美乡村

——平顶山郏县连通全域水系助力乡村振兴[*]

【摘　要】　郏县按照乡村振兴战略的总要求,牢固树立"绿水青山就是金山银山"理念,以河流为单元,以乡镇或村庄为节点,水域岸线并治,集中连片推进,打造了一批具有示范引领作用的农村水系样本,推动农村水系综合整治,建设河畅、水清、岸绿、景美的水美乡村,增强农村群众的获得感、幸福感、安全感,促进乡村全面振兴。

【关键词】　农村水系　综合整治　水美乡村　乡村振兴

近年来,郏县深入贯彻习近平生态文明思想,紧紧围绕"水从哪里来、怎样留得住、河渠咋连通、怎么高效用、如何治得好"等问题,提出了"引水、储水、分水、用水、治水"的总体思路,积极开展农村水系连通建设,扎实推进河长制工作,为推动实施乡村振兴战略奠定了坚实基础。

2021年,郏县上榜国务院河长制湖长制工作督查激励名单,以及水利部、财政部公布的2021年水系连通及水美乡村建设试点县名单,两项均为河南省唯一。郏县还是全国节水型社会建设达标县,11次荣获"河南省红旗渠精神杯",农业水价综合改革"郏县模式"被"四部委"命名为全国典型案例。

一、背景情况

郏县地处河南省中部偏西,属豫西山区向豫东平原过渡地带,辖8镇5乡2个街道办事处,377个行政村,总面积737平方千米。全县共有中小河流13条。其中,北汝河是全县过境最大河流,其余12

＊平顶山郏县水利局供稿。

条均为小型内陆河;有中小型水库 22 座,橡胶坝 4 座,中型水闸 7 座,山洪灾害防御村 100 个。近年来,由于地表水缺失严重、地下水过度开采,郏县境内 12 条内陆河除个别河流某个年份汛期的某个时段有径流出现外,其余年份和时段均为干河,唯有过境河流——北汝河,是郏县地表水的唯一来源和平原区地下水补充的主要水源,无其他有效来水,致使全县除唯一中型水库老虎洞水库有少量蓄水外,其余水库全部是干库;全县 65 万人中,有 50 万人生活用水均采用深层地下水,水资源短缺已经成为制约郏县经济社会可持续发展的瓶颈。

郏县县委、县政府紧紧围绕"节水优先、空间均衡、系统治理、两手发力"的治水思路,聚焦农村水系综合整治,全面实施乡村振兴战略,精心谋划、多措并举、强力推进,在全县范围内吹响了水系连通工程建设的号角,努力将郏县打造成全省、全市富有地域特色的县域综合治水示范样板。

二、主要做法

(一)加大投资力度,夯实引水调水基础

郏县县委、县政府不断加大对水利建设的支持力度,统筹全县水系建设。一是投入近 50000 万元,在北汝河郏县薛店段、城区段、堂街镇孔湾段建设 4 座橡胶坝,已全部完工,总蓄水量达 1400 万立方米。二是投资 14800 万元,实施了 5 期北汝河治理工程,新修堤防 38 千米,治理后的河段环境明显改善,防汛标准由不足 5 年一遇提升到 10 年一遇,重点河段基本形成了有效的防洪体系。三是投入 6800 万元,对蓝河郏县全段(24 千米)进行了综合治理,在蓝河建设四座中型水闸截水储水。四是投入 4500 万元,对全县 22 座水库进行除险加固。通过对河道、水库的整治,防洪减灾、农业用水、生态补水能力明显提升。

郏县水系连通工程运粮河姚庄乡段

(二)强化系统治理,打造全域循环水网

从 2020 年 2 月开始,投资 2687 万元的水系连通及农村水系综合整治一期工程开始勘测、设计,从北汝河自流引水至临沣寨的柳杨河,自柳杨河提水进入姚庄乡境内的运粮河,最终退水至北汝河,实现北汝河、柳杨河、运粮河、芝河 4 条河流互连互通。该工程设计紧紧围绕农村生产生活需要,始终把群众满意不满意作为出发点和落脚点,真正把水系连通工程办到了老百姓的心坎上,让群众吃上了干净水、看到了景观水、用上了灌溉地表水。工程建成后,惠及堂街、姚庄、李口三个乡镇的 31 个行政村,增加蓄水量 200 万立方米,水面面积 40 余公顷,受益群众 4 万人,沿河村庄地下水位普遍提升,生态环境得到了极大的改善,为中原第一红石古寨——临沣寨和姚庄回族乡茶食特色文化综合开发提供了可靠水源保障。

(三)注重末端效应,引水入村润泽乡里

干渠有水了,支流也要引好水,用好源头活水,贯通细枝末节。广阔渠水系利用工程涉及薛店、渣园、白庙、安良、冢头、长桥 6 个乡镇,二十里铺河、青龙河、叶翟河、胡河、肖河、蓝河 6 条河流。在建设过程中,因地制宜,用好"活水"工程,依托北汝河赵寨橡胶坝水源,通过广阔渠引水,利用郏县北高南低的自然地形,实现广阔渠分水支渠与沟塘、渠坝相连,为沿线各乡镇和河流进行补源。在保留

郏县水系连通工程柳杨河堂街镇临沣寨段

原貌的基础上，共治理沟渠 19 条，新建修复堰坝 22 座、坑塘 19 处、小型水闸 15 座。通过广阔渠向二十里铺河、青龙河、肖河、蓝河等补水 300 万立方米，新增水面 213.3 余公顷，使 101 个村庄 15 万群众直接受益。改善了农村人居环境，多年干涸的机井又重现水源，降低了群众灌溉成本，减轻了农民负担，进一步增加了干群感情，提升了政府威信，收到了良好的社会效益。

郏县城区橡胶坝北汝河城区段左岸王集乡右岸堂街镇

三、经验启示

(一)建立县域综合治水组织机构

成立由县长任指挥长，两名县领导任副指挥长，25 个成员单位组成的水系建设指挥部。水系建设指挥部不定时召开联席会议，严格按照"时间表、路线图、责任人和定期调度"的"3+1"工作法，讨论存在困难，研究处理措施，进一步细化、压实各乡镇和各部门的职责，形成了政府主导、部门协作、社会支持、受益主体参与的工作格局。

（二）设计县域综合治水工程模板

水系连通及农村水系综合整治一期工程选取郏县北汝河以南三个乡镇实施，该地区文化、历史底蕴丰富，做好水系连通工程意义重大。该工程历时4个月即建成通水，实现了县城南部水系的连通和循环，创造了郏县水利工程建设的"新速度"，为南部3个乡镇构建水美乡村创造水源条件。同时，工程坚持在不改变河道原貌的基础上，按照"宜宽则宽、宜窄则窄、宜高则高、宜低则低"的原则，开展河道"三清一平一整治"行动，清理河床，平整岸坡，就地取材，建设坑塘、堰坝等拦蓄水源。水系连通及农村水系的成功经验，为县域综合治水打下了可复制、易推广的水系连通模版。

（三）打造县域综合治水示范样板

水系连通及农村水系综合整治是贯彻落实党的十九大关于生态文明建设总体部署的重大举措。郏县县委、县政府高度重视、精心谋划、多措并举、强力推进，在全县范围内吹响了"郏县水系连通及农村水系综合整治一期工程"建设的号角。工程以县域为单元，突出系统治理，统筹水系连通、河道清障、清淤疏浚、岸坡整治、水源涵养和水土保持、河湖管护等多项水利措施，以河流水系为脉络，以村庄为节点，集中连片统筹规划，水域岸线并治，努力将郏县打造成全省、全市富有地域特色的县域综合治水示范样板。

（执笔人：赵增强）

河长谱写新篇章　千年古县换新颜

——安阳汤阴县汤河华丽升级*

【摘　要】　汤河穿城而过，被汤阴人民尊为"母亲河"，曾经的汤河"久病缠身"，废弃垃圾、人畜粪污直排入河，水质恶劣、气味刺鼻，水生态环境问题突出，人河争地问题严重。近年来，汤阴县党政领导班子统筹河湖治理与保护，以河长制为抓手，出重拳、谋长远，陆续开展了"三清一净""三污一净""百日攻坚""全域清河行动""清四乱"等专项行动，清理整治汤河沿线各类涉河问题，实施了汤河系统治理5期工程，恢复两岸植被，修建沿线观光带，联通上、下游打造国家级湿地公园，党政部门、社会组织、人民群众多元一体的治河新格局正在加速形成，实现了共商、共治、共建、共享的美好愿景。2018年以来，汤河沿线年接待游客120万人次以上，赢得了广大人民群众的一致好评。

【关键词】　河长制　汤河　巡河　整治　生态旅游

汤阴县地处太行山东麓，属海河流域，下辖九镇一乡，总面积646平方千米。汤阴汤河国家湿地公园为安阳市首家国家级湿地公园，西起汤河水库东岸南侧，沿汤河两岸向下游至中华路汤河桥，全长15千米，总面积710.2公顷，其中湿地面积568.7公顷，湿地率达80.1%。党的十九大以来，汤阴县深入贯彻习近平生态文明思想，用实际行动践行"绿水青山就是金山银山"理念，系统治理、综合施策，不断修复汤河水生态环境，打造了生态宜居示范样板，不断增强沿线群众的幸福感、获得感。

一、背景情况

曾经的汤河生态环境问题重重、人河争地矛盾凸显，主要表现

---

*安阳汤阴县水利局供稿。

在:上游汤河水库两侧为岗地丘陵,绿化植被少,蓄水能力差,沿岸居民靠水吃水,河道内网箱养鱼问题严重,两岸畜禽养殖场、乡村旱厕数量多,水质逐年恶化。中下游岸线植被少,绿化率低,堤岸高低不一,防洪安全隐患大。汤河不断恶化的水生态环境既不符合生态文明建设的基本要求,也越来越不能满足沿线群众对美好生活的需求。

汤阴县委、县政府以河长制为抓手,坚持防治结合、多措并举、部门联动,全面打响了汤河水生态环境保卫战。

汤河城区段清理整治前面貌

整治后汤河城区段现状

汤河光明闸修复前面貌

修复后光明闸现状

二、主要做法

(一)凝聚合力,构建河湖管理新格局

为全面准确地掌握汤河情况,汤阴县第一总河长、总河长按照巡

河制度要求,坚持高标准、高强度、高频率巡河。

1. 暗访调查听意见

每周末或工作日的早晚时间段,县第一总河长、总河长采取"四不两直"方式沿河查看,与群众攀谈,详细了解汤河沿线群众感受,收集汤河治理善言善策,把群众诉求转换成科学决策。其他各位县级河长同样履职尽责,发现问题当场解决,并在下次巡河对台账问题进行复查。

2. 奖惩联动压责任

县政府主要领导逢会必讲河长制,自上而下传导压力,定期通报全县河长制工作进度,坚持奖惩并举,对推进河长制工作效果显著的乡镇给予奖励,对工作滞后的责任人进行约谈、问责,压紧压实各级责任。

3. 强化督查抓落实

县河长制办公室、县级河长对口协助单位,各司其职,定期开展全面巡河检查督查工作。为有效杜绝假巡河、形式主义巡河,保证巡河效果,汤阴县采取"自查+督查"方式,由各乡(镇)每季度全面自查各河流、沟渠、水库等水体存在的问题,上报至县河长制办公室;同时由各县级河长对口协助单位对责任河流开展问题排查登记,上报至县河长制办公室。最后,由县河长制办公室对比同一河流所存在问题,并借鉴省、市河长制办公室"四不两直"的做法,逐一核查各河流存在的问题是否属实、是否遗漏。

4. 社会参与聚合力

县河长制办公室组建民间河长、志愿者河长队伍,开展不定期巡河与保护行动。汤阴县通过多次宣传动员工作,组建了200余人的"民间河长队伍""志愿者河长队伍"。"民间河长队伍"主要由社会上已退休干部、村两委干部等组成,负责随时开展义务巡河工作,弥补正式河长非巡河期间的空白;"志愿者河长队伍"主要由各单位青年志愿者、学校老师、大学生等组成,主要负责沿河宣传,形成"共巡、共建、共护、共享"的河流管护氛围。

（二）多管齐下,根治河流顽瘴痼疾

汤阴县充分利用河长制工作机制,在各级河长的带领与协调下,河长、检察长、警长及各部门相互配合,共同打好了"河长+检察长+警长"这张王牌。

1. 部门联动有效

为解决这一突出矛盾,汤阴县一方面由县河长制办公室牵头,组织水利、环境保护、畜牧、工信、检察院、公安局等部门以及乡镇政府召开联席会议,商议每一项问题的解决方案,同时开展联合执法行动,做到劝导与执法"双管齐下"。投资 1350 万元,关闭、拆除汤河沿岸畜禽养殖场和污染企业 55 个,清理水库网箱养鱼 95 个,拆除旱厕 114 个;另一方面,由水利局牵头,住房和城乡建设、生态环境、农业等部门配合,利用水库移民资金新建农村污水处理设施,铺设农村污水管网 28.5 千米,实现了沿河农村生活污水达标排放;水利部门牵头,发改、规划等部门配合,开展了五期汤河系统治理工程,为汤河治理与提升奠定了基础。

2. 执法措施有力

对诸如垃圾、河道内种树、违章建筑地等一般性问题,各级河长及时交办并督导问题整改;对于入河排污、私搭乱建、拒不整改的重大问题,由县河长制办公室及有关成员单位移交公安部门,并对相关责任人、责任单位果断采取强制措施;同时通过司法移送机制交由司法部门提起公益诉讼,追究其法律责任,强制整改,有效解决了各类涉河涉水问题,还人民群众应有的生态水美家园。

3. 引导群众有为

汤河沿线各镇村因地制宜,或引入市场化保洁,聘用保洁员负责对河道开展日常保洁;或实施"三员制"(巡河员、保洁员、监督员),由村两委聘请本村剩余劳动力,负责河道的日常巡护与保洁,确保了河道美丽整洁。

三、经验启示

(一)强化为民服务意识,坚持以人民评论为衡量标准

生态环境关系到群众的切身利益,河长制作为推进生态文明建设的重要抓手,在维护河湖健康生命、促进人水和谐相处中发挥了重要作用。河长制是责任制,落实好贯彻好河长制的关键是坚持人民立场,要把河长制当作重大的民生工程去推动落实,把群众满意度作为衡量工作的第一标准,持续改善河湖面貌,维护好群众的切身利益。

(二)坚持人防与技防相结合,充分挖掘河湖监管潜力

坚持人防与技防相结合的方式,强化河道监管。推进"智慧河长平台应用",安装沿河监控,对河道各关键节点实施24小时在线监控,严防涉河违法乱象的发生。营造持久浓厚的宣传氛围。县河长制办公室要求各成员单位,每月定期开展"保护母亲河"专项宣传活动。以"世界水日·中国水周""世界环境日""地球日"为契机,连续开展宣传活动,鼓励群众争当民间河长。完善"互联网+河长制"。依托河长制微信公众平台持续将河长制工作动态、保护水质生态环境等内容及时传递给千家万户,营造浓厚的河流保护氛围,切实增强了群众守护美丽家园的参与感、幸福感、自豪感。

(三)注重治理与修复,同步谋划一体推进

水污染治理好了,还要加大生态修复力度,提升河流自我净化能力。汤阴县投资65000万元实施汤河河道治理与生态修复工程项目。一是积极加大人工湿地建设,通过种植林木、芦苇等绿植,涵养水源、净化水质、减少水土流失。二是投资2600万元,对沿河18个村庄建设人工湿地污水净化处理工程8处,建成人工湿地约4.3公顷。三是采取生态补水,连年对境内汤河进行生态补水,2017年至2021年5月累计补水5678.03万立方米,汤河水面不断扩大,地下水得到有效补充。四是新建汤河溢流坝8座,形成了人工瀑布,实现灌溉、防洪、生态景观三位一体。例如,位于中国候鸟迁徙中线的

汤河水库。最大水深28米,水面面积约566.7公顷,库区内现有种子植物575种,鸟类、兽类两栖动物254种。动植物的多样性,为越冬水禽提供了充足的食物,目前,这里已经成为我国重要的水禽越冬和迁徙栖息地。

汤河湿地内候鸟

(四)科学规划水系,建设美丽汤河

一是以汤河水库为水利风景区核心区域,在大坝以南建设占地约53.3公顷主题为"蓝梦汤河、精致生活"的保护保育区,水库东岸景观绿化30余万平方米,种植10万株樱花,在水库大坝至小庄桥,创建了占地约20公顷,主题为"蓝梦汤河、美丽乡村"的小河村美丽乡村建设,包括竹林保护、古村民宅保护、河道植被恢复等内容。二是在南水北调干渠至部落村东北汤河桥,创建了占地约13.3公顷,主题为"蓝梦汤河、部落故事"的滨河观光带,包括村庄美化亮化、污水治理、垃圾处理等内容。三是在河道沿岸建设了集人文历史宣讲、优秀文化传播、休闲娱乐于一体的城市中心广场——人和公园。采用生态石笼、植被微地形等生态措施将河道两岸建设成处处皆美景的自然风光。在河道内建设音乐喷泉、安装灯光带等展现了千年古县极具现代元素的一面。现在的汤河水清岸绿,真正地实现了河道功能性、生态型和景观性的统一,体现了"一条清水河、一道风景线"的治理效果。

汤河上游水库现状

（五）激发内生动力，精心发展旅游业

为让汤河沿岸群众充分享受绿水青山带来的生态效益，汤阴县县、乡两级河长制办公室与当地群众共谋发展之道，着力开发生态旅游，让"绿水青山就是金山银山"的真理在汤阴得到生动体现。汤河沿岸共流转土地约 1666.7 余公顷，建成了滨河农庄、三禾农庄、汤河湾植物园、依岭生态农庄、大运生态园、小河竹林、香蒲生态湿地等农林生态园 31 个。依靠生态环境优势形成了莲鱼共养等生态产业。投资约 1500 万元建设南、北两个码头及 1800 米木栈道；投资约 260 万元购买船只 6 艘，其中 4 艘快艇、2 艘大游船，另有应急救援船 2 艘，日可接待游客 2000 余人次。不但吸引了大量游客，同时促进了当地群众就业，提升了当地群众生活幸福感。汤阴汤河国家湿地公园 2017 年 12 月被河南省水利厅（豫水农办〔2017〕22 号）批准为河南省水利风景区，2018 年获得"国家湿地公园"荣誉。汤阴县湿地公园正在申报国家级水利风景区，并已于 2021 年 6 月现场考评。

（执笔人：张东亚　马正飞）

碧水清波映鹤城

——鹤壁市以河长制为契机助推淇河生态保护*

【摘　要】　鹤壁市坚决贯彻党中央、国务院和河南省委、省政府决策部署,全面建立河湖长制,党政领导担任河湖长,河湖长牵头,部门联动,为维护河湖健康生命、实现河湖功能永续利用提供了制度保障,河湖治理保护成效显著。淇河水质在全省60条城市河流中保持首位,河流断面稳定达标,城区黑臭水体全部得到治理,饮用水水源地水质达标率100%。

【关键词】　河长制　河湖治理　生态保护

2016年10月11日,习近平总书记主持召开中央全面深化改革领导小组第二十八次会议并发表重要讲话。会议强调,保护江河湖泊,事关人民群众福祉,事关中华民族长远发展。全面推行河长制,目的是贯彻新发展理念,以保护水资源、防治水污染、改善水环境、修复水生态为主要任务,构建责任明确、协调有序、监管严格、保护有力的河湖管理保护机制,为维护河湖健康生命、实现河湖功能永续利用提供制度保障。鹤壁市围绕河长制湖长制主要工作目标,认真落实保障措施,加强组织领导,健全各项制度,狠抓工作落实,河长制湖长制工作取得了显著成效。

一、背景情况

鹤壁市地处河南省北部,因相传"仙鹤栖于南山峭壁"而得名,是封神榜故事的发生地,商朝首都朝歌、周朝第一大诸侯国卫国都城朝歌、战国七雄之赵国都城中牟均位于此。鹤壁市总面积2182平方千米,总人口160余万人。境内山区、丘陵、平原、泊洼地形均

＊鹤壁市水利局供稿。

有,其中山丘区面积占50%,地势西高东低,河流纵横,主要有淇河、卫河、共产主义渠3条河流,境内流域面积在100平方千米以上的河流有6条,分别是淇河、卫河、共产主义渠、汤河、思德河、浚内沟。河道总长310.42千米。

20世纪90年代以来,受特殊地理位置和基础建设薄弱所限,鹤壁市河湖管理保护存在明显的短板和突出问题:一是河湖水质恶化。鹤壁市部分河段受到严重污染,汤河水质类别为劣V类,为重度污染,卫河全部断面均为劣V类水质,为重度污染,失去了水体功能。由于过度开采地下水,导致部分地区地下水体受到污染。污染严重的卫河沿岸,由于地下水位急剧下降,造成长期由河水补给地下水,形成沿河地下水污染带;鹤壁市较大范围的浅层地下水遭受不同程度的污染,水质恶化直接威胁用水安全。二是河湖"四乱"问题突显。河道内存在诸多违规违章建设的涉河建筑、林木作物等,侵占河道空间,妨碍行洪。部分涉及周边群众财产,难以清除。沿河居民群众缺乏爱护环境意识,爱河、护河意识不足,生活垃圾、农业秸秆随意向河湖倾倒,河道卫生难以持久维持。

为彻底解决河湖水质不优、"四乱"等问题,鹤壁市以淇河为依托,不断提升生态文明建设内涵,不仅打造了沿淇乡村旅游示范带,留住了看得见的乡愁,还做实了高质量发展城市建设的大文章,实现了"煤城"向"绿城"的华丽转身。如今,一座崭新的"绿城"拔地而起,一幅碧水蓝天的画卷已铺陈开来。

二、主要做法

鹤壁市建立河长制以来,首先将淇河作为重点对象,由市长任河长,构建了市、县、乡、村四级淇河生态保护建设管理体系。通过实地监测、实时监控,加强淇河水资源保护、水环境监测、水污染防治、水域岸线管理等措施,使淇河生态品牌更加亮丽。

(一)强化河湖立法,狠抓工作落实

近年来,鹤壁市在严格按照法律法规加强河流执法监管的基础

上,先后两次发布政府令,划定三级红线,明确工作要求,切实加强保护,严禁破坏行为。2020年11月,省十三届人大常委会第二十一次会议审查批准了《鹤壁市淇河保护条例》,并于2021年3月1日起正式施行。该条例确立了"规划引领、保护优先、属地管理、综合治理"的保护原则,明确了政府及其主管部门的工作责任,理清了淇河综合规划与各专业规划间的关系,对于在淇河保护管理区域内严重破坏淇河生态环境的行为规定了相应的法律责任,为进一步加强和规范淇河保护管理工作提供了有力的法治保障。

为明确工作重点,严格问题导向。鹤壁市委、市政府每年初专题研究制订河湖长制年度工作要点,明确"任务书""路线图",研究制定河湖"清四乱"专项行动、黄河岸线利用项目专项整治等实施方案,细化目标任务、工作举措,确保工作落地见效。与各县区签订问题、任务、责任"三个清单",市河长办、市委市政府督查局、市检察院、市公安局等部门采取联合督导,照单压责、跟单推进、按单销号,压实压紧各级河长责任,确保责任不空转。

为不断探索河湖源头管控的有效路径,鹤壁市建立"河长+检察长""河长+警长"等"河长+"工作模式,助推工作深入开展。与检察院、公安局联合出台工作实施方案,明确推行要求、组织形式、工作职责、主要任务、保障措施等,建立信息共享、线索移送、技术支持、联合整治工作机制,保障检察机关、公安机关、河长办、各成员单位信息实时共享;对符合法律规定和检察机关管辖范围的线索,及时办理、适时反馈;对河湖管理的突出问题联合开展执法活动,充分发挥制度优势,推动行政执法与刑事司法有效衔接、部门监管与社会监督同向发力。

(二)加强智慧河湖建设,实现淇河全覆盖

鹤壁市建成智慧淇河大数据平台,实现了河道数据共享、水质实时监测、野生物种自动化追踪等多种功能,同时也对淇河沿岸实行遥感监控,大力打击河道非法采砂现象,后期将持续优化技术方案,探索创新5G组网方式,以精准的数据分析更好地服务淇河生态保护,不断提升淇河管理水平。2020 年智慧淇河系统试验段投入使用,主要建设了视频监控点 10 处、水质监测点 2 处、水文监测点 1 处和无人机等硬件设施,配套智慧淇河系统 APP(应用程序)及微信公众号等支撑平台,初步实现 24 小时违法违规事件取证及交办处理、水质水文监测、生态物种抓拍及文化推介等功能。

(三)系统推进河长制任务,建设生态美丽河湖

一是加强水资源管理。以落实"三条红线""四项制度"为重点,认真执行最严格水资源管理制度,严格控制用水总量和入河排污量,提高用水效率。全面推进节水型社会建设,全市实际用水量、万元 GDP 用水量降幅、万元工业增加值用水量降幅等各项指标均控制在省定目标内。2020 年 11 月,鹤壁市被拟命名为 2020 年度第十批国家节水型城市。二是开展水污染防治。坚持岸上、岸下一起治,依法查处与规范管理同发力,做到综合施策、多措并举。通过建设污水处理设施、城市雨污分流、排污口封堵整治、取缔沿河养殖场等措施,卫河、共产主义渠、汤河由劣 V 类水质提升至 V 类水质,市 5 个国控、省控地表水责任目标断面均值均达到省定目标,城市集中式饮用水水源地取水水质达标率 100%,淇河水质持续保持全省 60 条城市河流首位。三是深化水环境治理。持续提高污水处理能力,加大截污纳管力度,提高再生水利用率,完成 2 座污水处理厂建设和 1 座污水处理厂提标改造。推行城乡小微水体河长制全覆盖,广泛开展城乡黑臭水体治理,城市建成区河段内 7 条黑臭水体全部达标,黑臭水体治理率 100%。其中,以淇河、汤河、羑河等河流流域治理为重点,投资 4000 余万元实施山水林田湖草河道生态治理项目;投资 665 万元对汤河、羑河实施生态补水;投资 5400 万元,实施完成淇河沿岸造林和提升改造 1200 公顷,全市河流水环境明显改善。四是组织水生态修复。以淇河、汤河、羑河、金线河、卫河、共产主义渠等河流流域绿化为重点,营造水土保持林和水源涵养林、防风固沙林,新增造林面积约 6993.3 公顷,逐步实现以山养林、以林涵水、以水润林的良性循环。进一步加大湿地保护力度,新增浚县大运

河、鹤山区羑河 2 个省级湿地公园,全市湿地受保护面积达到2253.35 公顷。

美丽淇河

三、经验启示

(一)建设美好生态环境,要完善相关法律法规体系

保护和改善河湖水生态环境,离不开法律法规的支撑。鹤壁市积极贯彻全面依法治国新理念、新思想、新战略,深入开展水权制度、地下水管理、农村水电、河湖管理与保护等方面的立法前期研究;《鹤壁市地下水保护条例》《鹤壁市人民政府办公室关于印发鹤壁市实行最严格水资源管理制度考核办法的通知》《鹤壁市人民政府关于印发鹤壁市创建国家节水型城市实施方案的通知》《鹤壁市全面推行河长制工作方案》等多部规章和规范性文件先后颁布实施,为进一步加强和规范河湖保护管理工作提供了有力的法治保障。

(二)建设美好生态环境,要建立完善管护体系

淇河生态保护工作做得好,关键在于两个方面:一是"早",二是"实"。"早"是指立法早、行动早。市级人大常委会针对一条河流开展立法,市级政府发布政府令进行生态保护和环境治理,鹤壁市在全省是首例。"实"是指市委、市政府出实招见实效,将淇河生态

保护经费列入财政预算,连续多年拿出一定资金对相关县(区)进行以奖代补。市县乡村四级管理机构、相关职能部门用真劲抓实效,强力落实联席会议制度、巡河督查制度、监测预警制度、约谈通报制度、项目准入制度等,敢抓敢管。

(三)建设美好生态环境,要建立长效治理机制

为提升淇河生态,近年来鹤壁市分期分批对水域岸边、河道荒滩、周边荒山进行生态绿化,在市区段规划建设了淇河森林公园、淇水诗苑"一河五园"和淇奥翠境、淇水樱华等生态公园,河湖生态绿化带规模不断扩大,景观品位持续提升。如今进一步推出山水林田湖草修复项目,对沿河湖带进行大规模的生态绿化修复。鹤壁市将持之以恒绿化河湖、修复生态,巩固提升绿色发展水平,持续推进河湖生态文化旅游带建设,使鹤壁市生态环境岸更绿、水更清、景更美。

(执笔人:崔飞　贾玉敏　王琳　曾奇　夏熙波)

河湖治理"深虑一层"
解决问题"多走一步"

——新乡市"河长+检察长"制开启生态治河新模式 *

【摘　要】　"河长+检察长"制作为河湖治理的创新机制,有力促进了行政执法与检察公益诉讼互促共进、协同发力,有效破解了诸多长期困扰的河湖生态治理难题。新乡立足长远和根本,建立"河长+检察长""三联"工作机制,促进"行政+司法"在河湖管护上形成合力,在解决河湖生态治理难题上"深虑一层""多走一步",推动问题从"根""快""全"上解决,取得"1+1>2"的效果,推动了河湖长制从"有名"到"有实"的转变。

【关键词】　"河长+检察长"　"清四乱"　合力攻坚

新乡"河长+检察长"制先后设立市人民检察院驻市河长制办公室检察联络室、成立"河长+检察长"制领导小组、设立"河长+检察长"制联络办公室、出台全面推进"河长+检察长"制工作方案,逐步完善构建检察机关在河长制工作中的助推联动机制,在"携手清四乱 保护母亲河"、黄河滩区砖厂清理整治、河湖生态综合治理中,新乡探索实现了行政执法与检察监督有效衔接,开启了生态治河新模式。

一、背景情况

新乡市地处华北平原,横跨黄河、海河两大流域,河流众多、历史文化悠久。有千年古运河,有"新中国引黄第一渠"人民胜利渠和"新中国革命印记"鲜明时代特征的共产主义渠。中国早期的治水英雄,被公认为中国最早"水神"的共工和发明水排的东汉太守杜诗

＊新乡市水利局供稿。

均在新乡。

在以往粗放的经济发展过程中,围垦湖泊、侵占河道、蚕食水域、滥采河砂等问题突出,河湖的防洪安全、供水安全、生态安全受到严重威胁。同时,河湖管理还存在法律法规不健全、管理体制不健全、基层管理力量薄弱、执法能力不足等薄弱环节。

新乡市于 2018 年 12 月开始实践"河长+检察长"制以来,在实践中探索,在总结中完善,着力构建检察机关在河长制工作中的助推联动机制,不断加强新乡市河湖治理水平。截至 2021 年 6 月,涉河湖案件共立案 170 件,发出检察建议 109 份,通过检察机关的介入,推动清理河湖"四乱"问题 482 个,全市近 6000 千米河道配备了河湖保洁员,47 条流域面积 50 平方千米以上河流完成了河湖管理范围划定工作,河道采砂由"私挖滥采"向"科学有序"转变。全市河湖治理展现新气象、河湖监管取得新突破、水生态环境明显好转。

二、主要做法

(一)河长、检察长"徒步巡河",推动问题从"全"上解决

北堤河总长近 9 千米,流经新乡市凤泉区和辉县市。近年来,该河河水浑浊不堪,散发着刺鼻的臭味,周边群众虽有反映,但由于时间跨度长、牵扯范围广、处理难度大,一直未能得到彻底解决,成为困扰行政机关及周边群众的"老大难"问题。

2020 年底,市河长制办公室将问题线索向市检察院进行了移交,为找到排污口,责任河长和检察长沿着河道两岸步行巡河,开始了一次次"河边徒步"。从辉县市到凤泉区,来来回回走了好几遍,先后发现辉县市孟庄镇河段、凤泉区耿黄镇河段总共存在 3 个非法排污口。随即,向两地镇政府、环境保护部门、水利部门进行交办,要求对排污口进行封堵,妥善处置河道内存蓄污水。

2021 年 3 月底,在司法力量的推动下,该河段所有排污口封堵完毕,河道内 10 万余立方米"存量"污水被抽到附近小尚庄污水处理厂,生活排污管道就近并入市政污水处理管网。

经过排污口封堵、综合整治后的北堤河

（二）多角度换位思考、多替群众考虑，推动问题从"快"上解决

新乡境内黄河滩区内 14 家违法建设的制砖企业，建设、生产经营均未取得相关部门的行政许可，不仅严重影响河道行洪，而且对黄河生态环境造成了破坏。在黄河滩区 14 座砖厂清理整治工作中，市河长制办公室充分发挥"河长+检察长"协作机制，"多角度换位思考，多听群众诉求，多替群众考虑"。除进行专业法制宣传外，还提出各种合理建议，加快了问题整改，高效推动了砖厂整改进度。

在率先完成清理整治任务的长垣市芦岗乡西小青村制砖厂，一面宣讲窑厂拆除对黄河生态保护的重要意义，一面向砖厂窑主进行法制宣传。面对砖厂拆除后存在的大量建筑垃圾，市河长制办公室向相关责任河长建议广泛发动周边群众到现场收集可回收利用的砖块，用于家庭盖房、铺地、筑院墙等，按照这个提议，经过宣传发动，到现场"捡宝"的群众络绎不绝，几天功夫大量的砖块"变废为宝"，不仅物有所用，而且还节省了大量清运垃圾费用及时间。

（三）深虑一层、多走一步，推动问题从"根"上解决

2021 年 2 月，群众举报在封丘县 327 国道天然渠桥下，存在非法占用河道情况。经现场核实,发现天然渠桥下铺设有土路,占了近半幅河面,已严重影响到河道的正常行洪安全,属于河湖"四乱"问题的"乱占"问题。为解决这个问题,采取以下方法:

一是剖析问题根源。经了解,这条土路的铺设者是封丘县城关乡第一中学,该校建在天然渠北岸,以前,堤顶道路是学生上下学的必经道路。2018年,327国道开始修建并设置半米多高的隔离石墩,将堤顶道路一分为二。由于前期缺乏调研规划,天然渠桥附近未设置路口,国道切断了全校2000余名师生及周边4个村近万名群众通往县城的唯一通道。如果想进出县城,必须翻过隔离石墩、在大货车飞驰的国道上逆行200米横穿过去,存在巨大安全隐患。国道刚修建时,学校就先后向市、县两级相关部门、市长信箱反映,但一直未得到妥善解决,无奈之下,2019年9月,学校一边领着老师们在桥下铺设土路,一边等待相关部门解决问题。清理侵占河道的"四乱"问题并非难事,但仅表面的一"清"了之,等于又把师生和群众推到了"无路可走"的境地。但不赶在汛期前将河道恢复原貌,进入汛期后,不仅影响河流行洪,也会威胁来往师生和群众的人身安全。

二是统筹谋划协调推进。国道的规划在省里、道路的建设在施工方、安装信号灯归属公安局、拆除隔离墩归属公路局、协调推动需要县政府等,一个小小的路口牵扯出七八家单位,由于关系错综复杂、权责职能交叉,问题一直得不到解决,慢慢的成了困扰学校及群众的"死疙瘩"。治标还得治本,为切实解决问题,市河长制办公室一方面向相关河长报告问题,一方面按照"河长+检察长"制,将案件线索向检察机关做了移送。市检察院立足"协助河长破解河湖管护难题"的出发点部署推进工作,检察官与河长制办公室工作人员多次现场协调、组织召开统筹推进会,目的只有一个,就是在5月汛期到来前彻底解决问题。

三是着眼长远立足根本。在市河长制办公室、市检察院来来回回十多次与多个行政职能部门磋商后,安信号灯、画斑马线、装监控系统等问题得以"各个击破"。4月底,随着最后一块隔离石墩的拆除,这个"结"了3年、困扰上万人出行安全的"死疙瘩",用3个月的时间顺利解开。汛期来临前,河道已恢复原貌,行洪安全隐患消除,"四乱"问题得到彻底解决;327国道天然渠段开设十字路口建设完毕,2000余名师生及周边四个村近万名群众出行安全隐患得以消除。

5月11日,该校师生代表、村民代表一起来到市河长制办公室、市检察院,分别送来了写有"真帮实扶解民忧,大爱无疆情意浓""情为民所系、权为民所用、利为民所谋"的锦旗。而这盏亮在群众心里的"信号灯",也点亮了新乡河长制办公室在党史学习教育活动中"我为群众办实事"的初心和使命。

三、经验启示

(一)"三联"机制保障日常运行

新乡"河长+检察长"制在实践中摸索出"市、县两级检察院在当地河长制办公室挂牌设立驻河长制办公室检察联络室,固定联络员每周到联络办公室办公一次,定期不定期召开联席会"的"三联"工作机制。在日常工作中,"河长+检察长"联络办公室依托"三联"机制,接受群众举报,依法办理河湖生态环境和资源领域各类案件,引导破坏河湖生态环境和资源领域刑事案件的侦查取证,引导相关行政机关依法全面收集、固定证据,及时给予法律方面的支撑,确保案件依法正确处理,并适时召开联席会议,商榷河湖管护难题的解决,探讨规律性问题的处置。

(二)共同巡河凝聚监督合力

通过河长、检察长共同开展巡河活动,经过听介绍、看现场、察实情等环节,共同分析河湖治理情况、研究解决问题,针对重点、难点问题召开研讨会,有利于形成工作合力,推动"两法衔接""信息共享"等载体平台建设。同时,河长制办公室与检察机关坚持每周两次联合巡河督导检查。对于发现的一般性问题线索,立即现场交办,限时整改;对于发现的重大问题线索,河长制办公室以正式函件的形式向检察机关进行移送,这类线索移交检察机关后成案率较高,仅2021年两级河长制办公室移送的13件线索就立案12起,较好地发挥了"立案一件,教育一片"的作用。

(三)强化科技支撑助力调查取证

涉河涉水公益诉讼案件难在固定线索证据,通过科技支持可以来破解该难题。一是做好装备支持,市、县两级通过配备公益诉讼取证勘查箱和无人机等设备,能够保障取证工作顺利开展;二是做好外脑支持,通过与科研院所建立联系,利用卫星遥感、卫星数据分析研判等技术,可以科学分析特定区域水域和土地变动情况;三是做好技术支持,通过组织人员参加环境勘验采样和现场检测培训,能够确保安全、合法地开展公益诉讼勘测工作。在北堤河水体污染整治中,针对河道弯曲、路况较差、周边环境复杂等问题,为更好地固定证据,多次出动无人机,利用航拍技术在空中查找排污口并拍照,同时协调第三方专业机构现场提取水样进行检测,不仅有效固定了证据,还全面准确掌握了问题的根源,为河长综合施策、科学整治提供了依据。

(四)开展专项行动促进提质增效

针对河湖治理难点重点,开展专项行动,有助于推动河湖长制纵深推进并取得实效。2020年,在黄河滩区14座砖厂清理整治工作中,市河长制办公室联合市检察院等单位成立联合督导组、制订督导方案、开展专项行动,进行全过程督导,先后现场督导22次,上报专题报告21次,专题通报4次,圆满完成了清理整治任务。2020年11月底,14座砖厂地面附属物及配套设备全部拆除,建筑垃圾全部清除,土地复耕有序进行,达到了"场净地平"的效果。另外,新乡市"河长+检察长"还先后开展了河湖"清四乱"专项活动、城市黑臭水体公益诉讼监督活动、南水北调中线工程生态保护公益诉讼监督活动、大运河公益监督保护专项活动等一系列专项行动。

(执笔人:李洪涛 赵海栋 郑豪 杨增昭)

从"臭水沟"到"幸福河"的蝶变之路

——焦作市推行河长制建设幸福大沙河的生动实践 *

【摘　要】　大沙河是海河的源头,除汛期外长年无天然来水,多年来主要承泄沿线工业和生活排水,污水横流、滩地荒芜,水生态环境曾遭受严重破坏。2017 年以来,焦作市全面推行河长制改革,建立了市、县、乡、村四级河长体系,1826 名河长上岗履职,河湖治理进入新阶段。顺应人民群众期盼,以河长制为抓手,启动了大沙河生态治理工作,市级河长高位推动,县、乡、村三级河长狠抓落实,仅用了三年时间,就将大沙河由过去的"臭水沟"蝶变为现在的"生态河""幸福河",受到省部级领导的高度肯定和认可。大沙河的华彩蝶变,见证了焦作市践行习近平生态文明思想的生动实践、全面推行河长制带来的巨大变化。

【关键词】　河长履职　河道蝶变

2017 年,习近平总书记在新年贺词中说:每条河流要有"河长"了,拉开了全国全面推行河长制的大幕。各地积极推进,建立了严密的河长体系,形成了党政主导、高位推动、部门联动、社会参与的工作格局。在各级河长带领下,构建责任明确、协调有序、监管严格、保护有力的河湖管理保护机制,落实水资源保护、水域岸线管理、水污染防治、水环境治理、水生态修复、执法监管等六项河长制主要任务,改善了河湖生态环境,维护了河湖健康生命,实现了河湖功能永续利用。

一、背景情况

大沙河属海河流域卫河水系,发源于山西省陵川县夺火镇,流经焦作市博爱县、中站区、解放区、示范区和修武县,在新乡县汇入共

＊焦作市水利局供稿。

产主义渠。干流全长 115.5 千米,焦作境内长 74 千米,分别有蒋沟河、新河、山门河等多条支流汇入,是焦作市辖海河流域的最大河流。控制流域面积 2688 平方千米,其中焦作市出境断面以上流域面积 1623 平方千米。大沙河具有以下特点:

(1)天然来水少。控制流域范围内降雨量少且地表岩性以奥陶系灰岩为主,降雨极易入渗,除汛期外基本无天然来水,属典型季节性泄洪河道。

(2)汛期洪水来猛去速。上游在崇山峻岭之中,出山后南北 10 千米落差达 100 余米,每遇山洪暴发,洪水裹挟着沙石滚流而下,因无左堤,在左岸自然溢洪,历史洪水断面最宽曾达 800 余米,严重威胁人民群众生命财产安全。

(3)河流水质差。大沙河多年来承接了焦作市城区以及博爱县、修武县的工业和生活污水,成了一条排污河。

(4)河道环境差。受上述因素影响,河道滩区面积大又极宜遭受洪灾,难以正常开展生产、生活活动,河道内垃圾乱堆、荒草丛生、满目疮痍、臭气熏天,生态环境极差。

昔日大沙河

党的十八大以来,特别是全面推行河长制以来,焦作市以习近平生态文明思想为指导,加快推进生态文明建设,积极谋划推进大沙河生态治理,系统修复大沙河水生态环境。实施了防洪治理、水系连通、黑臭水体治理等工程,改善了大沙河的生态条件。

2017年,焦作市全面推行河长制改革,新一届市委领导从全面落实河长制,大力推进生态文明建设,加大自然生态系统和环境保护力度,构建防洪减灾体系,建设"精致城市、品质焦作"的战略高度出发,提出了全面实施大沙河生态治理,打造河湖治理样板,推动城市转型发展的战略构想。各级河长积极履行河长职责,加强部门联动,形成工作合力,高标准推进项目建设。经过三年多的努力,大沙河生态治理工程已完成投资320000万元,新增绿地、水面各333.33余公顷,大沙河城区段七星园、体育公园、文体广场、银杏长廊等节点公园已对外开放,每天游人如织,成了"精致城市、品质焦作"的一张亮丽名片。大沙河已从老百姓提起就摇头叹息的"臭水沟",蝶变成环境优美、水体优良、绿树成荫的生态之河,成为城市转型发展新引擎、城市公共活动的大舞台。

今日大沙河

二、主要做法

焦作市委、市政府牢牢扭住河长制这个"牛鼻子",把推进大沙河生态治理作为民生工程、民心工程,市级河长亲自抓,县级河长分片包,基层河长日常管,说了算,定了干,再大困难也不变,使昔日"臭水沟"变成了"幸福河"。

(一)编制规划抓好顶层设计是基础

治理大沙河,焦作市委、市政府主要领导同志提出要以"城市会客厅"的理念打造大沙河,将大沙河建成"四水同治的样板工程";大沙河市级河长在多方征求基层河长和社会各界意见后,聘请国内高水平团队规划设计,突出生态治理、系统治理,最大程度地满足人民群众对美丽河湖的需要,确定了以"建设怀州林水特色的中原名河,集生态体验、环境教育和健康养生于一体的城市公共生活舞台"为大沙河生态治理的功能定位,通过提高防洪标准、优化滨水环境等措施,打造生态沙河、开放沙河、文化沙河和活力沙河。规划治理全长35千米,上游12千米重点建设拦河堰、种植水生植物和两侧50米绿化带,打造带状湿地;中游13千米重点建设6座拦河坝及河道两侧生态绿化、城市配套服务设施等,打造高标准带状城市水生态公园;下游10千米重点建设3座拦河坝、潜流及表流湿地等工程,净化蒋沟河、新河等汇入大沙河的水源,保障大沙河下游水体质量,为建设大沙河绘就了蓝图。

(二)压实责任推进措施落实是重点

大沙河生态治理涉及多部门、多县(区),由大沙河市级河长牵头,按照市河长制办公室成员单位工作职责,明确各部门工作任务、时间节点和工作要求。水利部门牵头,负责项目前期、指导项目建设管理工作;发改部门负责项目立项和审批工作;自然资源和规划部门负责项目规划选址、用地手续办理工作;林业、园林部门负责生物多样性营造,指导河道绿化、园林景观打造、按照湿地公园标准进行建设;交通运输部门负责参与水上救助中心建设及水上交通安全工作;文旅部门负责融入文化符号及文化设施和场所建设工作;各相关县(区)由县级河长负责,配合做好征地拆迁及群众思想工作。部门联动、凝聚合力,有力地保证了工程建设的顺利推进。

(三)深入调研解决实际问题是关键

为解决大沙河水源保障问题,市第一总河长要求全面理清焦作水资源现状,全域进行优化配置。大沙河市级河长亲自带队,深入现场实地调研水系连通方案,确定了"充分利用灌区灌溉退水、南水北调生态补水、雨洪水、生物净化中水"等大沙河多源补给工作思路。在城区北部浅山区规划建设影视湖水库、龙寺水库、圆融水库,拦蓄利用汛期雨洪水;在大沙河下游建设潜流和表流湿地,净化提升大沙河下游水体质量。为解决大沙河生态治理建设资金问题,大沙河市级河长组织多部门深入研究,多渠道筹措项目建设资金,共落实财政资金 80000 万元,争取上级山水林田湖草资金 35000 万元、河道治理资金 15000 万元、海绵城市建设资金 600 万元,筹集社会资金 190000 万元,有力保障了项目建设资金需求。为解决项目建设征迁老大难问题,市、县、乡、村四级河长上下联动,逐乡、逐村、逐户、逐企耐心做工作,争取被征迁户的理解和支持,制订完善切实可行的征迁方案,累计拆迁各类建筑 30 余万平方米,保证了工程建设的顺利推进。

(四)加强督导落实管护机制是保障

随着大沙河生态治理工程的推进,建设成效逐步显现,切实管护好、发挥好工程长期效益显得尤为重要。焦作市明确了焦作市怀源生态管理有限公司为大沙河生态治理管护的责任主体,具体负责工程的运营管护;通过购买社会化服务,全权委托焦作市金盾保安服务有限公司负责大沙河防溺亡、防"四乱"等工作。在此基础上,焦作市人大常委会及时启动了焦作市大沙河保护条例的立法调研,从立法角度进一步强化大沙河管护工作。如今,大沙河城区段水清了、岸绿了,生态环境改善了,城市防洪安全也有保障了,天鹅、鹭鸟等野生鸟类也多起来了,既带来了"生态福利",又为城市转型发展带来了"经济红利"。

巡河队员开展河道巡逻

三、经验启示

（一）推行河湖长制，必须坚持以人民为中心的发展理念，满足人民群众对美好生态环境的新期望

生态环境就是民生，绿水青山就是幸福。治理和保护河湖环境，为人民群众提供优美生态环境产品，既是践行习近平总书记"绿水青山就是金山银山"理念的重要实践，也是坚持以人民为中心发展理念的生动体现，是民之所想、民之所盼。焦作市以推行河长制为契机，在推进大沙河生态治理中，始终把坚持打造"城市公共活动的大舞台"作为着力点和落脚点，封闭沿线入河排污口，确保水体质量；丰富植被绿化，提升河湖环境质量；建设体育公园、人工沙滩、游船码头、盆景园等，增加公共设施，让市民百姓在享受"生态红利"的同时，收获了满满的幸福感和获得感。

（二）推行河湖长制，必须各级河长冲在前、干当先，调动全社会参与河湖治理的积极性

高效利用水资源、系统修复水生态、综合治理水环境、科学防治水灾害，是全面推行河长制的圆心，只有各级河湖长紧紧围绕这个圆心，坚持实干至上、行动至上，做到担当有为、奋勇争先，才能调动社会方方

面面主动参与河湖治理。焦作市在推进大沙河生态治理中,市第一河长、总河长靠前指挥、亲历亲为;大沙河市级河长统筹水岸两治,抓具体、抓落地、抓落细,影响带动了全市各级各部门积极投身到大沙河生态治理建设中;广大市民出谋划策,主动参与,共同绘就了"一条大河穿城过,太行山下白鹭飞"的生态美景。

(三)推进河湖长制,必须走生态绿色发展的新路子,实现河湖功能永续利用

全面推行河湖长制是落实绿色发展理念,推进生态文明建设的内在要求,只有坚持绿色发展,才能实现河湖功能的永续利用。焦作市在大沙河生态治理中,认真贯彻落实习近平总书记在黄河流域生态保护和高质量发展座谈会上的讲话精神,坚持山水林田湖草综合治理、系统治理、源头治理,上下游、干支流、左右岸统筹谋划,坚持自然、系统修复,完善设施、丰富功能。通过走生态绿色发展的新路子,使大沙河真正变成了绿色发展的生态之河、城市转型的活力之河、造福人民的幸福之河。

(执笔人:秦云健　赵保成)

打造焦作河长制高效运转的中枢

——焦作市河长制办公室加强能力建设的工作实践*

【摘　要】 2017年,按照中央、省全面推行河长制改革部署,焦作市全面建立了河长制,1800余名河长上岗履职,建立了市、县、乡、村四级河长体系。如何有效发挥河长作用,充分调动各级各部门工作积极性,真正建立"河长牵头、部门协同、社会参与"的高效运转的河长制工作机制,是各级河长制办公室需要认真思考和解决的一个重大问题。2018年以来,焦作市河长制办公室持续探索推进河长制工作的措施和途径,不断健全完善河长制工作机制,推进全市河长制工作步入高效运行的轨道,为实现全市河长制工作从"有名、有实"向"有力、有为"转变、建设幸福美丽河湖发挥了积极的作用。

【关键词】 河长制办公室　能力建设

全面推行河长制以来,全省建立省、市、县、乡、村五级河长体系的同时,建立了省、市、县、乡四级河长制办公室。各级河长制办公室在河长的领导下,组织落实水资源保护、水域岸线管理、水污染防治、水环境治理、水生态修复、执法监管等河长制六项主要任务,切实抓好河长制工作的组织协调、督导检查、考核激励、宣传培训等工作,对河长制工作的全面落实发挥了关键作用。在此方面,焦作市持续进行了积极有益的探索,推进全市河长制工作不断走向深入。通过梳理焦作市河长制办公室加强能力建设的措施和途径,加强各级河长制办公室相互之间的沟通和交流,为助推河长制工作深入开展提供有益借鉴。

一、背景情况

焦作市辖四县二市四区和城乡一体化示范区,总面积4071平方

---

* 焦作市水利局供稿。

千米,分属黄河和海河两大流域,其中黄河流域面积 2150 平方千米,海河流域面积 1921 平方千米。全市共有流域面积 100 平方千米以上的河流 19 条,其中流域面积 1000 平方千米以上的河流 5 条,分别是黄河、沁河、蟒河、丹河、大沙河;流域面积 100~1 000 平方千米的河流 14 条。另外,全市还有流域面积小于 100 平方千米的河流103 条。

长期以来,受多方面因素影响,河湖问题众多,侵占河道、破坏堤防、非法采砂现象时有发生,部分区域水环境质量差、河道环境流量不足、水生态受损严重且难以短期内恢复、水环境隐患多等问题日益凸显,成为制约经济社会可持续发展的重要瓶颈,亟须加强河湖治理和保护。

2017 年,焦作市启动了全面推行河长制工作。至 2017 年底,全面建立了河长制。全市共设河长 1826 人,其中市级河长 17 人,县级河长 134 人,乡级河长 452 人,村级河长 1223 人;成立河长制办公室 112 个,其中市级 1 个,县级 11 个,乡级 100 个;制定了河长制工作制度,竖立了河长公示牌。2018 年、2019 年,作为被抽检的地市之一,焦作市两次代表河南省顺利通过了水利部、生态环境部组织的河长制中期评估和总结评估。

2018 年以来,焦作市在全面建立河长制的基础上,积极推进河长制的工作从"见河长、见湖长"向"见行动、见成效"转变,从"有名有实"向"有力有为"转变。焦作市河长制办公室作为推进全市河长制工作的中枢,认真履行工作职责,积极探索创新,持续健全完善河长制工作机制,扎实组织开展河流清洁、河湖"清四乱"、打击非法采砂和河湖突出问题的整治工作。三年多来,全市河长履职意识、履职能力明显提高,部门协同水平持续深化,河长制社会参与度不断增强,全市河长制六项指标全部完成,累计整治河湖"四乱"问题2003 个,河湖环境明显改善;查处非法采砂案件 110 件,大规模盗采河砂问题有效杜绝。2020 年,大沙河河长履职作为河南省唯一案例成功入选水利部《全面推行河长制湖长制典型案例汇编》,温县村级河长郑明雷作为河南省 3 名上榜人选之一,被评为全国"最美河湖卫士";由市第一总河长、总河长共同签发,出台了《焦作市河湖管护长效机制实施意见》,率先在全省建立河湖管护长效机制。全市河长制工作在2020年度河长制省级考核中获得优秀等级,位列全省第三,河长制工作再上新台阶。

二、主要做法

焦作市河长制办公室作为推进河长制工作的日常办事机构,通过调动各级河长、成员单位、广大群众的积极性,聚焦目标,形成合力,推进全市河长制工作走向深入。

(一)紧紧依靠党委政府开展工作

河长制的核心是河湖管理保护党政领导负责制,河长是负责河流的第一责任人,只有通过各级河长有效履职,才能最大程度凝聚治水合力,提升治水效能。三年来,焦作市河长制办公室形成了"河长制办公室,按照河长指示办"的指导思想,积极主动向市委、市政府和市级河长汇报工作,编印《焦作河长制》600册、《河长明白卡》1000份,让河长知职责、知任务、知措施;及时报告河道存在问题并提出工作建议,由市级河长针对问题开展巡河、提要求、做批示,推动河湖问题有效解决。2018年以来,全市市级河长巡河130余人次,对河长制工作批示210余次,累计解决河湖问题900余个,并多次召开市委常委会议、市政府常务会议、总河长会议研究部署河长制工作,有力推动了全市河长制工作的顺利开展。

(二)强化工作统筹部署

及时制定印发了《焦作市全面推行河长制工作方案》《焦作市全面推行河长制三年行动计划(2018—2020)》《焦作市全面推行河长制三年行动计划7个专项方案》等纲领性文件。于每年初,根据上级要求,结合焦作实际和推进河长制工作需要,研究制订焦作市河长制工作要点,明确年度目标、主要任务、工作措施和要求。针对河湖"清四乱"、打击非法采砂等河长制重点工作,在制订工作方案、召开工作部署会的基础上,提请焦作市第一总河长、总河长签发总河长令,高位推动河长制工作落实。

(三)持续健全工作机制

健全的河长制工作机制为河长制工作深入开展提供了有效保障。从河长制工作全面启动以来,焦作市河长制办公室就持续把健全河长制工作机制作为一项重要工作来抓。在 2017 年制定河长会议、局际联席会议、督查、考核问责和激励、信息共享、信息报送、验收等河长制工作制度的基础上,2018 年制定了对口协助、市级联合执法、投诉举报受理制度,对武陟县创新成立全省首家县级河道综合执法大队、修武县成立驻县河长制办公室检察官联络室的做法予以推广。2019 年建立了对口协助单位督查暗访制度、河长制办公室与检察院协作机制、河长巡河通报制度。2020 年在按要求建立"河长+检察长"的基础上,建立了"河长+警长"、河长述职制度,出台了《焦作市河湖管护长效机制实施意见》,率先在全省建立河湖管护长效机制。2021 年以来,经深入研究并报市总河长批准,在全省首家成立了各市级河流河长制办公室,对推动市级河长履职和加强河湖管护发挥了积极作用。

举行市级河流河长办公室授牌仪式

（四）注重调动成员单位积极性

通过召开市河长制局际联席会议,通报情况,研究问题,集思广益,形成共识;及时印发河长制工作信息 220 余篇,加强沟通,协同推进工作落实;将河长制工作与环境污染攻坚、农村人居环境整治、乡村振兴、文明城市创建等中心工作相结合,强化部门联动。严格落实对口协助制度,协助河长做好巡河前期调研、方案制订、组织协调、问题督办、资料整理等工作,抓好河长批示的督促落实;严格落实联合执法制度,组织开展联合执法行动和专项执法行动,严厉打击非法采砂、非法捕鱼等水事违法行为,各成员单位协同推进河长制的氛围有效形成。成立市级河流河长制办公室后,各成员单位参与河湖管理保护工作的积极性进一步提高。

（五）有效发挥监督考核作用

把督查作为推进工作的重要手段。市河长制办公室采取明查暗访相结合的方式,重点对上级交办的问题、河长巡河发现的问题、列入台账重点问题、整改进度滞后问题加强督查,2019 年、2020 年市河长制办公室督查次数均在 20 次以上。同时组织对口协助单位每两个月不少于 1 次开展监督检查,当好河长的“千里眼、顺风耳”。结合环保督查、黑臭水体治理、汛前检查等工作,对发现的问题及时整治处理。组织开展河长制市级考核,对考核结果予以通报并报告市政府,作为党政领导干部综合考核评价的重要依据,有效调动各级各部门的工作积极性。

（六）切实加强宣传培训工作

充分利用报纸、电视、网络等媒体,加强河长制宣传工作,仅 2020 年焦作市河长制办公室在省部级媒体刊发河长制工作信息 7 篇,《焦作日报》等地方媒体 20 篇,“河南省河长制”微信公众号 15 篇,“焦作市河长制”微信公众号发布信息 60 篇、河长制工作信息 42 篇,形成了全面推行河长制的良好氛围。积极组织参与水利部“最美基层河湖卫士”评选工作,联合焦作市总工会、妇联、团市委组织开展争当焦作市“最美河湖卫士”活动,其中温县村级河长郑明雷作为河南省 3 名上榜人选之一被评为全国“最美河湖卫士”,武陟县乡级河长夏虎军被评为“全国优秀河长”,全市 108 名基层河长和巡河员被评为焦作市"最美基层河湖卫士",在《焦作日报》专版予以刊登。加强河长制培训工作,其中 2020 年举办培训班 3 期,对全市 450 余名基层河长进行了集中"充电",取得了良好的效果。

全国"最美河湖卫士"郑明雷

三、经验启示

(一)摆正位置是河长制办公室有效发挥作用的前提

河长制是河长负责制,河长制办公室在河长领导下开展工作,具体负责河长制工作的组织协调、督导检查、考核激励和宣传培训等工作。河长制办公室不能越俎代庖,代替河长发号施令;也不能不依靠河长,不及时向河长汇报工作,造成河长制办公室忙得团团转,河长却不了解河道情况,工作不易推进的结果。河长制办公室要紧紧依靠河长开展工作,这是做好河长制工作的前提和基础。

(二)河长履职是推进河湖问题解决的关键

河长是责任河湖的第一责任人,对河湖管理保护工作负总责。通过河长履职,有效强化工作执行力,充分调动各级各部门力量,推动河湖问题有效解决。河长制办公室要当好河长的参谋和助手,及时报告河道存在的问题,提出解决问题的建议,以利于河长做出科学决策。

(三)健全机制是河长制高效落实的保障

全面推行河长制是一项系统工程,涉及各级河长、各成员单位、广大社会群众,只有有效调动各级各部门工作积极性,形成河湖管理保护合力,才能把河湖管理好、保护好。河长制办公室做为联系上下、协调各方的中枢,必须把健全完善河长制工作机制作为一项关键工作来抓,确保河长制工作高效、协调运转,确保各项工作迅速全面落实到位。

(四)队伍建设是解决一切问题的关键

做好各项工作,必须有"人"做保障,打造政治过硬、作风优良、业务精湛的河长制工作队伍非常重要。要持续加强河长制办公室队伍建设,确保河长制办公室高效运转。要持续加强各级河长培训工作,使河长明职责、明任务、明工作方法,高效履行工作职责,从而有效推动河长制工作深入开展和幸福美丽河湖建设。

(执笔人:尚安峰　张二飞)

强化河湖联合执法 维护良好水事秩序

——焦作武陟县综合执法推动河湖监管[*]

【摘　要】　全面推行河长制以来,为进一步加大河湖监管力度,严厉打击向河道内非法倾倒垃圾、非法排污、非法采砂、非法侵占水域岸线等水事违法行为,武陟县认真落实河长制联合执法制度,积极探索创新,率先在全省成立了首家县级河道综合执法大队,加强河长制办公室、有关部门、各乡镇之间的协作配合,全面开展河道违法行为查处工作。武陟县河道综合执法大队的成立,充分调动和整合了各方资源,建立了河湖长效管理网络,在全县形成了打击河湖违法行为的高压态势,有力维护了河湖管理秩序,实现了河湖管理规范化、常态化。

【关键词】　河湖执法　维护秩序

河长制体制框架下,如何克服多龙治水、各自为政的弊端,凝聚各部门的工作合力,提高依法治水、依法管水水平是一个重要课题。武陟县针对辖区黄河滩区范围大、水事违法问题突出等实际情况,在县委、县政府的高度重视下,整合河务、水利、公安、生态环境、农业等多部门的执法力量,成立了县级河道综合执法大队,为严厉打击涉河湖水事违法行为,维护全县良好水事秩序提供了组织保障。

一、背景情况

武陟县位于黄河中下游交接地带,辖区黄河长度41.4千米,黄河一级支流沁河穿境而过,在武陟县南部汇入黄河,具有滩区面积大、居住人口多、河道管理任务繁重的特点。长期以来,受水行政执法力量薄弱、群众河湖保护意识不强等多方面因素影响,非法侵占水域岸线、非法向河道倾倒垃圾、非法向河道排污、非法开采河道砂石、未经批准在河道内修建违章建筑等水事违法行为时有发生,不仅对河道生态环境造成严重影响,而且还影响了社会稳定,周边群

＊焦作武陟县水利局供稿。

众怨声载道,频频举报、投诉、上访,严重损害了党群干群关系和党政机关的形象和公信力,已经到了必须严厉整治的地步。河务部门、水利部门作为黄(沁)河以及其他河道的水行政主管部门,执法力量薄弱,许多水事违法行为得不到有效解决,与全面推行河长制、严格加强河流管理保护的要求不符,成为亟须解决的一个重要问题。为切实加强河道监管,严厉打击涉河湖水事违法行为,武陟县委、县政府以习近平生态文明思想为指引,以全面推行河长制为契机,决定整合部门执法力量,从公安、水利、河务、生态环境、农业等部门抽调了 10 名执法人员,成立了武陟县河道综合执法大队,负责县域内所有河道的执法监管工作。武陟县河道综合执法大队成立以来,已累计查处涉河水事违法行为 150 余起,有力维护了全县良好的水事秩序,促进了全县河道的法制化、规范化管理,河湖环境持续改善,人民群众满意度日益提高。

二、主要做法

(一)加强统筹协调

由武陟县河长制办公室履行统筹协调职能,加强河道综合执法大队、行政部门和乡镇之间的协调联动,形成工作合力。日常工作中,根据工作需要适时分层次召开工作会议,研究工作制度、检查方案、年度考核等重要事项;建立综合执法工作微信群,加强业务交流与信息共享,对执法工作中存在的问题及困难加强统筹,提升执法工作的整体性和协调性。对需要多部门配合的执法行动,经县政府审核同意后,由河长制办公室牵头组织开展联合执法行动。

(二)建立行政执法与刑事司法相衔接制度

建立行政执法部门与公安机关、检察机关、审判机关的信息共享、案情通报、案件移送制度。由河道综合执法大队和县政府办公室政策法规科相结合,对案件移送标准和移送程序进行完善,细化并严格执行执法协作相关规定,实现行政执法和刑事司法无缝对接。行政执法部门发现水事违法行为涉嫌犯罪的,及时将案件移送河道综合执法大队,由河道综合执法大队移交公安机关,不得以罚代刑。公安机关经调查发现违法行为不需要追究刑事责任但依法应

武陟县河道综合执法大队揭牌仪式现场

当做出行政处理的,及时将案件移送行政执法部门。对当事人不主动履行行政执法决定的,行政执法部门依法强制执行或申请人民法院强制执行。

(三)实行网格化管理

建立执法巡查网格化管理制度,在对沿河村街设置村级河长的基础上,分村设立网格员,负责加强河道日常巡查管理,及时发现并制止水事违法行为,对违法情节严重需实施行政处罚或者行政强制的,及时报告河道综合执法大队。河道综合执法大队与水利、河务、自然资源、农业农村、生态环境、住房和城乡建设等部门按照职责分工对移送案件依法予以查处,实现河道日常管理与行政执法有效衔接。

(四)严格实施考核

武陟县政府将河道综合执法工作纳入政府目标管理。由武陟县河长制办公室牵头,对河道综合执法大队、行政部门和沿黄(沁)河乡镇办事处的河道综合执法工作进行综合考评。对于综合执法大队年度列入台账问题销号率低于90%的,或者年度考评结果低于80分的,执法大队的相关责任部门不能评为年度依法行政先进单位;对于年度辖区范围内未出现新增问题的乡镇予以表彰,对出现多处新增问题或被上级通报造成恶劣影响的,依规依纪追究乡镇主要负责人的责任,在政府目标考核中不能评为先进单位。同时加强河道综合执法大队内部考核,根据抽调人员巡查任务完成情况,以及违法行为及时发现、及时制止、及时处理情况进行综合考评,作为抽调人员和所属单位年度评先、奖惩的重要依据。

执法人员对非法采砂开展联合执法

(五)实行联审联批

为进一步加强武陟县河道管理,根据《中华人民共和国行政许可法》的规定,结合黄(沁)河实际,建立了《武陟县黄(沁)河联审联批行政许可制度》,对在武陟县黄(沁)河河道管理范围内需两个以上职能部门审批办理的符合国家产业政策的投资事项,以及超越本级部门审批权限需报上级部门审批的事项,联审联批按照"一口受理、抄告相关、同步审批、限时办结"的原则进行,在武陟县河务局设置黄(沁)河河道内联审联批服务窗口,实行并联审批。

(六)保障工作经费

武陟县财政投入资金38.34万元,对河道综合执法大队办公用房进行了维修改造,配备了日常办公用品,配置执法车辆2辆,负责日常巡逻和执法工作。河道综合执法大队人员按每人每月480元的标准予以发放绩效考评补助。同时,为加强河道执法的信息化水平,武陟县财政拿出专项资金385万元,在黄(沁)河入滩路口以及主要河道安装监控摄像头200余个,利用无人机实施动态监控,及时发现制止涉河违法行为,以智慧化推动河湖管理现代化。

（七）加大宣传力度

水利、河务部门和各乡镇办事处利用网络、微信、广播、宣传车、短视频软件等宣传媒介，采取张贴宣传标语、发放宣传资料、发布微信信息等形式，印发了《关于开展河道综合行政执法的通告》1000余份，在沿河全部村街进行张贴，同时在电视台连续1周进行宣传，通过报道河道综合整治工作的迫切性、必要性和重要性，营造良好的舆论氛围，让更多的群众了解整治行动，参与、支持和配合河道综合执法工作。

武陟县河道综合执法大队成立以来，已累计查处各类水事案件153起，其中非法采砂145起，非法取土3起，非法乱建2起，非法倾倒垃圾2起，破坏堤防1起，有力维护了全县良好水事秩序。

三、经验启示

（一）强化河湖联合执法必须站在全面推行河长制的高度推进

全面推行河长制是落实绿色发展理念、推进生态文明建设的必然要求，是完善水治理体系、保障国家水安全的制度创新。全面推行河长制的主要任务之一是加强执法监管，建立健全部门联合执法机制，组织开展执法巡查、专项检查和集中整治，严厉打击非法排污、设障、捕捞、养殖、采砂、围垦、侵占水域岸线等涉河湖违法行为。通过建立河道综合执法大队，强化部门联合执法，有效地调动各部门工作积极性，发挥各自的工作优势，形成工作合力，维护全县河湖良好水事秩序，确保河长制工作落到实处。

（二）强化河湖联合执法必须紧紧依靠河长开展工作

河长制是河长领导下的部门协同制。通过实施河长制，克服了河道管理存在的政出多门、多龙治水的弊端，起到了"1+1＞2"的工作效果。只有各级河长高度重视，加强牵头组织作用，协调相关部门，落实工作经费、工作人员及执法装备等，才能保障综合执法工作的顺利开展。各级河长制办公室要紧紧依靠河长，主动向河长汇报，得到河长的理解和支持，从而调动各部门力量，推动水行政执法工作顺利开展。

（三）强化河湖联合执法必须健全完善工作机制

涉河主管部门包括水利、河务、公安、生态环境、自然资源、住房和城乡建设、畜牧等多个部门，在河长的牵头领导下，通过将河道综合执法工作纳入政府目标管理，调动各部门工作积极性；通过加强河长制办公室的统筹协调职能，提升执法工作的整体性和协调性；通过建立行政执法机关与司法机关的信息共享、案情通报、案件移送制度，实现行政执法与刑事司法的有效衔接；通过建立执法巡查网格化管理制度，调动社会群众参与河湖治理的积极性，从而确保了河湖联合执法工作的顺利开展，实现了河湖违法行为的及时发现、及时处理，维护了全县良好的河湖水事秩序，推进河长制工作从"有名有实"向"有力有为"转变。

（执笔人：吴苗苗）

实施坑塘整治　建设美丽乡村

——濮阳市以河湖长制为抓手推进农村坑塘整治*

【摘　要】　随着经济社会的发展,广大农村周边的坑塘疏于管理,数量下降,经济效益不能发挥,景观效应缺失等问题突出,影响了农村群众生产条件和生活环境。近年来,濮阳市以全面推行河湖长制为抓手,从人民群众最关心的身边事抓起,坚持河长牵头,统筹规划,分步推进,合力攻坚,大力推进村边坑塘整治,同时强化建后管护,把原来"脏乱差"的臭水坑变为群众身边"净亮美"的"顺心塘",打造了"河渠为线、坑塘为面、线面相连、绿意盎然"的农村生态水网,谱写了生态发展、美丽乡村建设的亮丽篇章。

【关键词】　坑塘整治　河湖长制　乡村生态

农村坑塘通常分布在村庄周围,它们具有调节水源、防涝抗旱、牲畜用水、美化环境、发展经济等重要功能和作用,与农民生产生活息息相关。近年来,濮阳市以河湖长制为抓手,以乡村振兴为契机,围绕让"小坑塘"发挥"大效益",坚持因地制宜,打好"生态牌"、写好"水文章",解决好群众面对的最直接、最现实的生态问题,取得了良好的生态效益。

以下以濮阳清丰县为例,介绍河湖长制在助推乡村坑塘整治,助推农村生态环境改善方面的实践成效。

一、背景情况

濮阳清丰县位于河南省东北部,冀鲁豫三省交界处,面积828平方千米,辖8镇9乡503个行政村,人口72万人。共有干、支、斗、农沟331条,坑塘494个。近年来,随着降雨量的减少以及现代农田水利设施逐步完善,农村坑塘已无水可蓄。由于农村坑塘无人管

＊濮阳市河长制办公室、清丰县水利局供稿。

理,当地村民随意向其倾倒生活垃圾和污水,滋生的苍蝇和蚊虫到处乱飞,气味难闻,当地群众避而远之,农村坑塘已经成为一个臭坑,严重影响了当地群众的生活。

党的十八大以来,以习近平同志为核心的党中央把生态文明建设放在治国理政的突出位置,"绿水青山就是金山银山"理念成为树立社会主义生态文明观、引领中国迈向绿色发展道路的理论之基。2016年11月,中共中央办公厅、国务院办公厅联合印发《关于全面推行河长制的意见》,2017年11月,中共中央办公厅、国务院办公厅联合印发《关于在湖泊实施湖长制的指导意见》,2018年12月,水利部办公厅印发《关于实施乡村振兴战略加强农村河湖管理的通知》,一系列推进农村河湖和坑塘保护与治理的顶层设计,使构建责任明确、协调有序、监管严格、保护有力的农村河湖及坑塘管理保护机制有了总抓手。

二、主要做法

清丰县委、县政府坚持以习近平生态文明思想和新时期治水思路为指引,以河湖长制为抓手,把推进农村坑塘治理管护作为一项政治任务来抓,明确治理目标,加强统筹协调,找准关键环节,全面科学施治,打造了"河渠为线、坑塘为面、线面相连、绿意盎然"的农村生态水网,谱写了生态发展、美丽乡村建设的亮丽篇章。

(一)河长牵头,高位推动,绘好村边坑塘治理蓝图

清丰县委、县政府站在讲政治、讲大局、讲民生的高度,将坑塘整治纳入县委、县政府中心工作进行高位推动,建立"县级河长规划引领,乡级河长协调推进,村级河长宣传引导"三级联动机制,抓好全县坑塘调查摸底、统筹规划、系统治理等任务落实。

(二)部门联动,协同发力,持续推进乡村生态改善

坚持县级河长牵头,以水利部门村边坑塘整治为基本点,整合林业部门绿化、文化部门健身休闲广场建设、公路部门道路建设、农业部门产业规划等职能,凝聚各部门合力,开展农村坑塘周边基础设

施配套工程建设,做到建设一个坑塘,完善一批基础设施,打造一个美丽乡村,推动"农业更强、农村更美、农民更富"。

整治后的清丰县高堡乡北乜城坑塘

(三)整合资金,强化保障,分步推进村边坑塘治理

强化资金整合,提供有力保障,积极争取中央、省、市项目资金支持和整合利用涉农资金共计12800万元,为工程建设提供了有力的资金保障。同时,坚持统筹谋划,分类治理,对全县234个距离河道1千米以内的坑塘,按照生态、灌溉、养殖等功能,分类确定治理方式,实行"一塘一策"。目前,通过对各个坑塘进行清淤治理,开挖引排水渠道,绿化提升,修建廊亭步道、休闲广场等方式,治理完成村边坑塘124处,增加水面333.33余公顷,年均压采地下水约75万立方米。剩余的110个村边坑塘,计划分3年全部治理完毕。对另外260个不宜治理的坑塘,由农业农村部门制定填平整理规划,同步建设农村污水处理设施,促进村居环境改善。通过整治,让一个个小坑塘成为了促进地下水超采区治理、农村人居环境改善和服务乡村农业产业发展的"生力军",达到生态惠民、产业富民的效果。

(四)着眼长远,强化管护,确保建后效益长期发挥

坑塘整治后,必须要加强管护,才能让其长久发挥应有的功能和效益。该县将坑塘管理纳入河湖长制管理体系,对每个坑塘都设立

塘长,安装塘长公示牌,目前248名塘长全部上岗履职,开展日常巡查管护和宣传,让每个坑塘都有了"管家"。同时,结合城乡环卫一体化,分乡镇建立了17支坑塘日常保洁队伍,为每名塘长配备了拉得出、用得上、干得好的"养护队",进一步加强了坑塘管护力量,确保了坑塘管护规范化、有序化、长效化。

清丰县张六村坑塘乡级河长公示牌

三、经验启示

(一)改善乡村生态,必须从人民群众最关心的身边事抓起

民生无小事,枝叶总关情。习近平总书记强调:我们要坚持把人民群众的小事当作自己的大事,从人民群众关心的事情做起,从让人民群众满意的事情做起,带领人民不断创造美好生活。改善民生是民之所望、政之所向,濮阳市以河湖长制为平台,充分发动各级河长针对乡村众多废弃坑塘开展调查摸底,坚持问题导向,系统进行治理,把原来村边"脏乱差"的臭水坑变为群众身边"净亮美"的顺心塘,消除了群众最盼、最想解决的身边难题,人民群众对水的获得感、幸福感明显提升。

整治后的清丰县纸房乡纸房街坑塘

(二)改善乡村生态,必须全区域统筹规划,分步推进

改善乡村生态并非一朝一夕所能实现,实现乡村生态振兴不是一蹴而就就能完成的。濮阳市坚持统筹规划,量力而行,分步推进,一件事情接着一件事情办,一年接着一年干,确保了以坑塘整治促乡村生态提升有了"指南针",以坑塘整治促乡村环境改善有了"路线图",保障了各项工作有力有序良性开展。

(三)改善乡村生态,必须调动和整合好各级各部门合力

改善乡村生态,实现乡村生态振兴,是一项系统工程,是人力、物力、财力的有机结合,是人才、资源、战略的有效统一。濮阳市坚持调动各级各部门力量,增强工作开展的系统性、整体性、协同性,充分发挥了集中力量办大事的社会主义制度优势,有利于凝心聚力,统一思想,形成工作合力,有利于合理引导社会共识,广泛调动各方面的积极性和创造性。

(四)改善乡村生态,必须在常态、长效上下功夫

濮阳市在坑塘整治完成后,设立了"塘长",使坑塘有了"管家",建立了保洁队伍,使坑塘有了"养护队",建立健全了良性运行管理维护机制,从而解决了工程的建后管理问题,确保了坑塘整治后效益的长期稳定发挥。

(执笔人:郭宏飞　陈利洵)

河长引领筑屏障　碧水清流绘画卷

——许昌长葛市以河湖长制为引领推进清潩河治理*

【摘　要】20世纪80年代以来,随着民营企业的快速发展,加之生态环境的不断恶化,清潩河由季节性河流演变为常年断流。占压河道、围垦种植、乱排乱放、黑臭水体、生态退化等现象十分突出,改善水系生态环境成为市民的殷切期盼。长葛市顺应广大群众的迫切要求,坚持以河湖长制为引领,积极推进"河湖长履职常态化、能力建设标准化、基础工作规范化、明察暗访实效化、宣传培训多样化、样板河创建特色化"六化建设,高起点、高规格、高质量实施清潩河综合治理,建立健全建管并重、责任明确、监管有力的长效机制,有效杜绝重建轻管、前建后废的弊端,实现水利工程永续发挥效益。

【关键词】河湖长制　幸福河湖　监督管理

十九大报告明确指出,我们要建设的现代化是人与自然和谐共生的现代化,既要创造更多的物质财富和精神财富以满足人民日益增长的美好生活需要,也要提供更多优质生产产品以满足人民日益增长的优美生态环境需要。长葛市结合实际,以河湖长制为引领,深入推进清潩河综合治理工程,取得明显成效。

一、背景情况

长葛市地处豫中平原腹地,拥有大小河流28条,中型水库1座,人均水资源量225立方米,不足全省人均水资源量的50%,不足全国人均水资源量的10%。水资源短缺一直是制约长葛市经济社会发展的主要因素,盼水、亲水是长葛人民的迫切愿望。

改革开放以来,长葛人民在地下无矿藏、地上无资源的情况下,

---

*许昌长葛市水利局供稿。

大力发展民营经济,荣获了"中国民营经济最具潜力市""中国民营经济最佳投资市"荣誉称号,2020年完成生产总值7810000万元,连续三年进入全国综合实力百强县,连续七年进入全国工业百强县,但是物质文明与生态文明发展不均衡的差距成为制约长葛市高质量发展的短板。

清潩河在长葛市境内全长20.1千米,其中流经城市规划区长度15千米,河道干枯、私搭乱建、与河争地等现象,极大地制约了城市环境的提升和改善。突出问题主要表现在:一是脏乱差。据统计,河道两侧居民倾倒垃圾场所多达30处。二是水源短缺。由于上游常年没有来水,造成河道干枯。三是乱排乱放。周边居民和企业随意向河道排放污水51处。四是水环境不优。清潩河与长葛创建国家卫生城和国家文明城不相适应,配套设施和水生态环境严重滞后,不能满足现代城市功能的需要。2018年,长葛市启动了清潩河治理工程,统筹对水资源、水生态、水环境、水灾害实施四水同治。各级河湖长认真履职尽责、克难攻坚,为全面提升水环境发挥了积极作用,得到了广大群众的充分肯定。

二、主要做法

长葛市坚持把全面推行河湖长制作为生态文明建设的重要举措,以河湖长制"六化"建设为抓手,织密河湖长制体系责任链,解决河湖治理管护突出问题,确保工程按时高效完成任务。

(一)河湖长牵头,走出和谐拆迁新路

清潩河拆迁全段涉及2镇4办30个行政村及社区,清表面积120.21万平方米,附属物154处,树木13.18万棵,土地返租107.18公顷,房屋371处。针对拆迁工作任务重、难度大的问题,采取县级河湖长抓总、镇级河湖长包村、村级河湖长包户的办法,让各级河湖长在拆迁中唱主角。一是河湖长挂帅、高位推动。成立由市第一总河湖长任政委,总河湖长任指挥长,副总河湖长、县级河湖长任副指挥长的高规格建设指挥部。镇办河湖长、村级河湖长分别

在拆迁机构中任主要负责人或成员,明确工作任务,分级分段认领,逐级逐段落实。市总河湖长坚持每周到施工现场进行督导和办公,召开工作晨会386次,解决重点、难点问题160余个,有力推动了拆迁工作的顺利开展。二是广泛宣传、舆论造势。利用多种形式加大宣传力度,长葛报社、电视台制作11期专题节目连续报道。沿线镇办、水利、自然资源等成员单位出动流动宣传车,开展法律法规巡回宣传活动,进村入户宣传政策。镇村两级30多名河湖长分包村组召开群众大会,广泛宣传清潩河综合治理的紧迫感和重要性,提高广大干部群众支持清潩河建设的主动性和积极性。三是协调沟通、合理建议。在制订拆迁方案之初,镇村级河湖长发挥近邻亲情优势,听取民声民意,做好政府与群众的沟通纽带。在保证群众切身利益又不违背国家拆迁政策的基础上,提供了设定拆迁签约搬迁奖励、支持水系建设奖等合理化建议,为拆迁工作顺利进行打下了良好的政策基础。四是履职尽责、合力攻坚。后期拆迁涉及厂区、市场、家属院等复杂问题,协调难度大,拆迁工作进入梗堵阶段,严重影响了整体工程推进的速度。针对问题,市总河湖长、镇级总河湖长、河长制办公室成员单位负责人组成攻坚小组,现场办公,分析症结,研究对策。采取包人包户,责任到人,逐个解决问题,拆迁任务在预定时间顺利完成。拆迁期间,清潩河三级河湖长巡河5000余次。在日常巡河中讲政策、听民声、解矛盾,赢得群众支持。

(二)协同联动,助力工程提质增效

在建设过程中,各级河湖长、成员单位牢固树立一盘棋的思想,按照职责和任务分工,主动认领工作任务,协同联动,凝聚合力,助推工程建设顺利推进。一是靠前指挥,提供坚强保障。在成立高规格的指挥部基础上,设立由17个河长制办公室成员单位和沿线6个镇办组成的办公室,成立4个专项工作组,根据任务分工,在指挥部的领导下统筹开展工作。抽调6名县级河湖长分包镇办和工程标段,河湖长牵头、部门合作,为清潩河综合治理工程推进提供了有力保障。二是共同发力,推动工作开展。清潩河治理战线长,涉及面广,建设过程中,为保障工期扎实推进,积极探索借助司法力量解决河湖问题,自清潩河综合治理工程正式施工,公安部门主动认领部门任务,派驻 6 名警员进驻工地,协同镇级河湖长处理影响工程进展的矛盾纠纷,依法打击涉水违法行为,通过司法力量,弥补行政执法缺陷,为工程建设保驾护航,也为后期"河湖长+警长"工作机制建立积累宝贵经验。水利、住房和城乡建设部门积极履行质量监管责任,督促 377 处不符合施工规范的问题整改到位,确保施工质量达到标准。三是督导考核,倒逼工作推进。将河湖长制纳入市委、市政府组织推动的重点专项工作进行考核,由市委督查局牵头,住房和城乡建设、水利等成员单位抽调专人对工程进展进行专项督查,排名落后的在每月"双创双攻坚"会上予以通报批评,通过排名通报制度,倒逼工作推动。

(三)综合治理,绘出人水和谐画卷

长葛市围绕清潩河综合治理目标,按照河湖长制一河一策方案,找出问题症结,坚持"四水同治",彻底根除河湖问题。一是实施河道治理遏制水灾害。将老城区小洪河入口至关庄闸段原河底污泥下深 1 米进行清除,清除后进行新土换填,防止蓄水后水质污染,清淤换填长度共计 10 千米,工程治理后,防洪标准由 20 年一遇提高到 50 年一遇,恢复灌溉面积约 1333.3 公顷。二是截污治污根治水环境污染。实施管网改造、雨污分离、排污口截留等措施,根治水体黑臭问题,关闭城市规划区 194 眼自备井,新建 26 千米雨污管网,封堵排污口 50 多个。建设杜村寺和关庄两处湿地,对污水处理厂排放的中水进行二次处理和净化。通过系统治理,清潩河出境断面水质全部达标。三是拓宽引水渠道丰富水资源。为保证清潩河常年有水,分别建成了引佛济清西线工程、南水北调配套应急分水工程,并利用清潩河上游调水,形成三处引水渠道,年调水 2000 万立方米。增福湖扩容 300 万立方米,形成水体景观 46.76 公顷,彻底改变水资源空间布局不均衡的问题。四是综合施策修复水生态。在工程总体规划中,采用河道原位生态强化净化技术、水生生物多样性恢复技术,将清潩河治理工程真正打造成为系统性、综合性的水环境治理工程。拆除了以单纯防洪为目的的水泥防洪堤,取而代之的是缓坡入水的生态防洪堤。沿河两岸新增 174.2 万平方米植被景观。

清潩河综合治理后成效图

(四)创新模式,构建河湖管护机制

长葛市在全面推行河湖长制工作中不断实践,不断创新工作机制,探索出一条"河湖长+"护河新模式。一是"河湖长+网格长"。将清潩河分段、分片分包给全市 94 个党政机关和企事业单位进行管理,规定各单位每周由主要领导带队巡河两次,并不定时开展义务劳动。二是"河湖长+巡保员"。政府通过购买服务形式,城区聘用专业的河道保洁队伍、镇办聘任 10 名河道巡保员共同协助河湖长做好日常管护,真正水岸同护、水清岸绿。三是"河湖长+监督员"。聘请人大代表、企事业代表等 7 名河湖监督员,全方位监督河湖长履职、部门尽责。招聘了一批环保热心人士担任"河小青"、志愿护河员等参与到河道日常管护,发现问题及时反馈。四是"河湖长+技防"。落实专项资金购置无人机、重点部位安装摄像头,"人防+技防"双防结合,全域巡河常态化,实现河湖监管无盲区,提升了河湖巡查的工作效率和工作精准度。

三、经验启示

(一)提高人民群众的幸福感,必须坚持以人民为中心的治水理念

清潩河是流经长葛市新老城区的一条骨干河流,实施清潩河综合治理、建设幸福河湖,社会关注、群众拥护,体现了"人民对美好生活的向往就是我们的奋斗目标"的具体实践。治理后的清潩河极大地改善了城市居民的生活环境,使清潩河成为绿色崛起的生态河、造福人民的幸福河,极大地提高了人民群众的幸福感、获得感和满足感。

清潩河综合治理后成效图

(二)营造水清岸绿的水环境,必须凝聚齐抓共管的治水合力

水利工程三分建、七分管,建设是基础,管理是关键。清潩河在城区全长 15 千米,由于周边居民和企业众多,单靠河湖长势单力薄,因此在治理和管理过程中,建立以河湖长制为引领的群管群治队伍,三级河湖长负责巡河,镇办落实属地管理,市直部门各负其责,志愿者定期开展义务劳动,共同维护河湖生态环境。

(三)落实建管并重责任,必须建立长效考评机制

为确保清潩河工程长期发挥效益,进一步夯实各级河湖长和相

关部门的工作责任,长葛市制定了《长葛市河长制工作考核问责激励制度》,对三级河湖长职责落实情况进行每月一次考核,同时对属地镇办、水利、生态环境、住房和城乡建设等部门职责落实情况进行考评,考评结果列入年度绩效考评的评分内容,与单位和个人绩效挂钩,落实奖惩。

(四)维护河湖健康生命,必须推进社会效益与经济效益共赢

清潩河综合治理工程不仅为长葛市创建国家卫生城、国家园林城激发了动力和活力,也为经济繁荣带来了虹吸效应,其中沿河周边约133.3公顷土地增值效益达到200000多万元。华夏幸福、碧桂园、建业集团等知名企业纷纷落户长葛。作为县级城市的长葛市,吸引了近10万名外来人口,上万名本科以上学历的高素质人才蜂拥而入,长葛市成为理想的安居之地、创业之城。

(执笔人:顾景发 刘松阁 王江峰)

区域共治　黑河蝶变清水河

——漯河经济技术开发区黑河综合整治实践探索*

【摘　要】　漯河经济技术开发区作为漯河市的核心工业区,近年来,随着招商引资、工业化和城市化进程的快速推进,环境基础设施短板日益凸显,区内黑河乱排乱放、河岸脏乱、水体黑臭、生态退化等问题突出。为有效改善黑河水域的环境质量,提升整体城市形象,开发区把全面推行河长制作为加强生态文明建设的重要抓手,建立健全以党政领导负责制为核心的责任体系,健全工作机制,实施部门联动,统筹推进截污治污、河道治理、引水补源、游园湿地建设等,通过打造新水系,改造、疏挖旧河道,彻底把"臭水沟"变为"清水河",呈现出了"中水环流,遍地绿荫"的城市风貌,为招商引资提供了良好的生态环境,辖区群众的获得感、幸福感明显增强。

【关键词】　改善水环境质量　河长制　区域共治

全面推行河湖长制,是以习近平同志为核心的党中央做出的重大决策和顶层设计,是我国水治理体制和生态环境制度的重大改革创新,是加强生态文明建设的重要制度安排。各级党委和政府切实担负主体责任和属地管理责任,贯彻以人民为中心的发展思想,牢固树立尊重自然、顺应自然、保护自然的理念,处理好保护与开发、生态与发展、当前与长远的关系,以保护水资源、防治水污染、改善水环境、修复水生态为主要任务,构建责任明确、协调有序、监管严格、保护有力的河湖管理保护机制,为推动生态文明建设再上新台阶、推进绿色转型高质量发展提供坚强的生态保障。

一、背景情况

黑河是漯河经济技术开发区的一条排涝河道,全长 5 千米,流经

---

*漯河经济技术开发区河长制办公室供稿。

辖区核心工业区及河东王、邓店、应庄、孙店等村庄。多年来,黑河未曾进行过全面系统的治理,局部岸坡遭到严重人为破坏,河道淤积,排水能力衰减,黑河逐渐成为区内生活污水、工业废水排放的主要纳污河流,严重影响沿岸百姓的生产生活。

开发区作为全市开放的窗口、改革的实验田、经济建设的主阵地,自觉践行习近平总书记"绿水青山就是金山银山"理念,将黑河整治放进全区发展大局,围绕"产城融合",着力解决好生态保护与经济发展、城市与乡村等关系问题。让生态文明建设成为经济提速换挡、产业转型升级的催化剂。

近年来,针对辖区河湖存在的突出问题,开发区多次召开党政联席会,定期召开河长会议和专题会议,研究应对措施、改进工作方法,建立区、镇(办)、村三级河长组织体系,以及区级总河长会议制度、河长制办公室联席会议制度、工作信息共享制度等,构建了责任明确、协调有序、严格监管、保护有力的河湖保护管理新格局。通过打造新水系,改造、疏挖旧河道,彻底把"臭水沟"变为"清水河"。

治理后的生态黑河

二、主要做法

（一）控源截污

一是强化源头管理。在项目建设和企业运营中，我们对能源、用水、建设用地、碳排放以及首要污染物排放总量进行严格控制，对化工类等重污染企业、环评不达标企业坚决不允许落户。详细摸排区内企业，先后累计关停、取缔400余家"小散乱污"企业。对现有工业企业进行技术改造和环保升级，严禁乱排工业废水。区财政拿出专项资金，建设雨污分流工程，将全区39个行政村大排水纳入到全区的污水收集，实现企业、农村污水纳管全覆盖。投资20000万元建设经开区第二污水处理厂并网运营，污水处理能力达到19万吨每日，从源头切断污水来源，全面推进了水生态污染综合防治，加强生态保护和环境治理。二是注重过程控制。对黑河沿线排污口进行严密监控和督查，对于未经处理的污水全部封堵或收集，禁止直接排入黑河，持续加大对乱排乱倒的处罚力度，以严格监管和刚性制度，筑牢生态屏障。

中山公园俯瞰图

（二）水岸同治

一是生态补水。建立良性生态循环,在摸清黑河黑臭水体、河底淤泥污染情况的基础上,利用生态清淤方式降解水体、底泥污染物,达到水体洁净的目标。每月定期对黑河水质分段监测,研判分析测算数据,采取相应对策。针对部分时段氨氮等不稳定因素,在相关断面出境前投加脱氨氮、除磷等药物,使出水口断面水质从Ⅳ类水提升到Ⅲ类水。引入中水增强河道自净能力,中水循环水系包括中山公园水系、中山路和赣江路水系、新漯上路水系和东方红路黑河西支水系,总投资近10000万元,水系长近10千米,通过黑河和中水水系互联互通,营造自然水循环系统,以达到绿化水体和自然环境净化交融的目的,进而恢复河道和水系的净化功能。二是靓化环境。以黑河为主线,以生态景观廊道为基底,规划建设集水质净化、科普教育、休闲娱乐等多功能于一体的生态湿地公园。按照海绵城市标准,投资7000万元高标准建设占地约13.3公顷的中心公园,引进国内先进的雾森系统、水幕电影和灯光秀表演等;投资30000万元新建中水循环、沿途景观提升和生态修复工程,打造沿中山路、赣江路、漯上路10千米的景观水系。通过打造新水系,改造、疏挖旧河道,加大城市绿地建设,累计新增绿化面积120公顷,新增水域面积近10公顷,形成"一河穿三湖、两岸挂绿珠"的自然生态景观,构建了"水绿相映、水在城中、城在园中、村在林中、人在景中"的绿色生态基底,为群众提供多样性的居民休闲空间,也为开发区行政区和工业区之间增加了一条绿色文化大通道,促进了人与自然的有机融合。

（三）区域共管

为增进民生福祉,开发区坚持生态惠民、生态利民、生态为民,持续加大黑河共管共治力度,一方面加强河长责任网络体系建设,按照流域统筹、属地管理原则,严格落实各级河长的职责分工,强化监督,及时了解所负责河段发生的水资源、水环境、水生态等突发事件。另一方面宣传发动沿河企业,协同落实河道保护门前三包责任,积极参与河长办组织的联合督导等工作,通过共建、共管、共享,齐心协力,使黑河流淌出清澈、绿色和生机盎然的好气象,让群众共享生态红利。

三、经验启示

(一)治理黑臭水体,"关键少数"须履职担当、扛稳责任

黑臭水体治理工作是一场生态硬仗,系统性强、涉及面广。"关键少数"从讲政治、优生态、惠民生、促发展的高度出发,坚决扛稳政治责任,认真履行职责,切实做到守水有责、守水尽责、守水担责。黑河主河道及西支综合整治工作开展以来,区委、区政府主要领导认真履行河长职责,定期召开河长会议和专题会议,针对辖区河湖存在的突出问题,研究应对措施、改进工作方法。分管领导定期召开协调例会,或深入实地督导检查,或开展明察暗访,全过程关注项目推进情况,第一时间指挥、第一时间协调。开发区各有关部门加强组织协调、调度指导、检查考核,形成合力,切实把河长制工作作为重大政治任务和重要民生工程抓好抓实,为黑臭水体治理工作提供了强力保障。

(二)治理黑臭水体,要部门联动、合力攻坚

黑臭水体治理是一个系统、复杂的工程,不能靠一两个部门孤军奋战。应对黑臭水体问题,必须统筹兼顾综合治理,搭建起部门之间协调配合的工作格局,凝聚起治理黑臭水体的各方合力。开发区统筹各部门力量,细化各项措施,紧扣"截、治、清、修"四个环节,开展截污纳管、河道清淤、工业整治、农村环境治理、排放口整治、生态配水与修复等工程,统筹推进水体综合整治。持续落实河长会议制度、督办单制度,建立河道联防联控机制,尝试企业落实河道保护门前三包责任,构建"河长牵头、多元共治、统一监管"的管理格局,变"多龙治水"为"一龙管水",力争打破上下游、左右岸局部治理、互

不协调的壁垒,形成流域统筹、区域履责、协同推进的一盘棋工作合力。

(三)治理黑臭水体,须坚持标本兼治、注重长效

治理黑臭水体若只关注水,往往只能短暂之治,难以保障长久效果。要让水体在水质改善之后不再返黑、返臭,关键还要在消除岸上污染来源上下功夫。要坚持标本兼治、水岸共治、注重长效的总体原则,将水体修复与沿岸整治两手抓。开发区一方面按照市委、市政府转变发展方式、调整产业结构、积蓄发展新优势的决策部署,进一步优化劳动力、资本、土地、技术、管理等要素配置,建设科技含量高、资源消耗低、环境污染少的现代产业体系,加强产业链与创新链有机融合,培育新的增长动力和竞争优势,形成以创新为主要引领和支撑的经济体系和发展模式。另一方面坚持"可游可赏、生态休闲"的河道治理理念,加快推进"水清、河畅、岸绿、景美"的生态河道建设工作,成功创建中山公园等园林公园,筹建青龙河湿地公园,真正让治水成为改善辖区民众人居环境、提高生活品味的有力载体。

(执笔人:孟军红　贺启明　李吉星　崔清友)

"河长""检察长"联动 河湖顽疾清除

——三门峡市发挥检察利剑作用推动黄河水生态环境显著改善[*]

【摘　要】　在曾经"以 GDP 论英雄"的发展模式下,黄河三门峡段水域岸线、生态湿地等出现了开发与保护失衡的局面,侵占河湖、水域岸线等乱占、乱采、乱堆、乱建"四乱"问题突出,不仅影响黄河水质、生态,还严重影响黄河河道行洪。2017 年以来,三门峡市以全面推行河长制为抓手,逐河设立党政河长,同时为充分发挥检察机关法律监督、公益诉讼职能,探索建立"河长+检察长"新机制,扎实推进黄河"清四乱"工作,取得显著成效。全面推行河长制,全面建立"河长+检察长"协作机制,提高政治站位是前提,要不断增强河湖保护的"四个意识";要利用好检察公益诉讼作用这一关键;要发挥好体制机制创新这一新动能;要进一步强化督导检查、依法依规这一保障。

【关键词】　"河长+检察长"　"清四乱"　水生态修复

　　"携手清四乱 保护母亲河"专项行动开展以来,三门峡市以全面建立"河长+检察长"协作机制为抓手,深入开展黄河"清四乱"专项行动,全面打赢了黄河"清四乱"歼灭战,并将黄河"清四乱"拓展延伸为河湖"清四乱",助推河湖"清四乱"常态化、规范化,为保护水资源、防治水污染、改善水环境、修复水生态提供坚强制度保障。

一、背景情况

　　三门峡市地处豫西丘陵山区,下辖 6 县(市、区),直管 1 个城乡一体化示范区和 1 个省级经济开发区,共有 62 个乡镇,14 个街道办事处,1345 个行政村,总面积 10496 平方千米。全市以熊耳山为界,分为黄河、长江两大流域,其中,黄河流域面积 9376 平方千米,长江流域面

---

　　* 三门峡市水利局供稿。

积 1120 平方千米。全市共有大小河流 3107 条,其中,流域面积 30 平方千米以上及流域面积 30 平方千米以下、对当地生产生活有重要影响的河流(沟)河流 118 条,共设置市、县、乡、村四级河长 1118 名。黄河在三门峡市境内干流长 206 千米,流经 6 个县(市、区)17 个乡镇 63 个行政村。正处在转型发展攻坚期的三门峡市,河湖管理保护工作面临前所未有的压力和挑战。排查出的 47 个黄河"四乱"问题,不仅影响黄河生态,而且严重影响黄河防洪安全,成为制约经济、社会、生态可持续健康发展的重要瓶颈。

2014 年 5 月以来,天佑水产养殖有限公司(简称"天佑公司")未经相关主管部门批准,在城乡一体化示范区大王镇后地村挖筑鱼塘 79 个占地 86.7 余公顷;建成办公楼 2 栋,建筑总面积 1161 平方米;彩钢房 7 个,建筑总面积 1411 平方米;彩钢棚 8 个,建筑总面积 705 平方米。该鱼塘和相关违法建筑位于黄河河道、黄河湿地保护核心区、缓冲区,其行为违反了《中华人民共和国防洪法》和《中华人民共和国自然保护区条例》的规定。"携手清四乱 保护母亲河"专项行动开展以来,三门峡市以全面建立"河长+检察长"协作机制为抓手,深入开展黄河"清四乱"专项行动。对于黄河"四乱"问题,要求向历史沉疴开刀,向遗留问题亮剑,充分发挥检察机关的法律监督、公益诉讼职能,扎实推进黄河"清四乱"工作,主动领责,敢于担当,集中力量啃下了一批黄河"四乱"问题中的"硬骨头",河湖面貌明显改善,赢得群众的一致好评。

二、主要做法

(一)河长检察长密切配合,协调联动

为扎实推进"携手清四乱 保护母亲河"专项行动,三门峡市及时建立了"河长+检察长"协作机制,部署全面摸排和整治境内乱占、乱采、乱堆、乱建等"四乱"突出问题,严厉打击涉河湖"四乱"现象。

市、县河长办、检察机关和黄河河务部门按照《三门峡市"携手清四乱 保护母亲河"专项行动实施方案》要求,结合本地实际,建立完成

"河长+检察长"协作机制,明确了负责人和联络员,密切配合、协调联动,定期交流专项行动开展情况,实现信息共享和互通互联,共同推进专项行动有序进行。按照省人民检察院、省河长制办公室《关于设立河南省人民检察院驻省河长制办公室检察联络室的暂行办法的通知》,设立市、县检察院驻市、县河长制办公室检察联络室,联络室检察人员每周在联络办公室办公一天,对尚未整改到位的"四乱"疑难问题,通过检察院驻河长制办公室报送至检察院,由检察院下达检察建议书限期整改到位,确保如期完成"清四乱"任务。

(二)瞄准重点难点,集中力量重点突破

三门峡市城乡一体化示范区大王镇后地村天佑鱼塘位于弘农涧河与黄河交汇处,占地面积约86.7公顷,鱼塘79个,违建平房、彩钢板房面积3277平方米,严重影响了黄河河道的泄洪安全、黄河湿地的生态安全,被三门峡市政府列为2019年政务督查重点对象之一。

调查发现,该鱼塘涉及大王镇行政区划调整和国家行政机关改革职能调整。办案干警先后到灵宝市、示范区,走访灵宝市农业局、水利局、工商局等十余家行政主管单位、示范区多个相关职能部门、大王镇政府、后地村村委询问当事人、调查核实固定证据。大量细致入微的前期工作,保障了检察机关对这场时间跨度长达五年、涉及十多个行政机关、跨域两个县(市、区)的生态破坏案件有了一个比较全面及客观的了解掌握。

2019年5月,市检察院检察长现场查看天佑鱼塘的整改情况,并依法公开向示范区管委会下发检察建议书,督促示范区管委会履行职责,依法处置违规鱼塘。收到检察建议后,示范区管委会高度重视,抽调专门力量,协调机械设备,连夜安排部署,积极推动落实。为了推进违规鱼塘处置进度,市检察院本着尊重事实、尊重法律政策的原则,办案人员从法律规定到政策导向,从环境保护到改善民生,深入细致地对天佑公司法定代表人任某做了释法说理工作,认真听取并帮助解决其合法合理诉求,任某认识到自己私建鱼塘的违法性质,同意配合,并做出自行拆除违建设施的书面承诺。5月27日,违建鱼塘拆除开始。

示范区管委会负责人到现场指挥调度拆除工作,河务、水利、农业、环境保护、林业等相关职能部门的领导及相关业务人员也赶到现场,对湿地恢复以及黄河防洪防汛、河道修复进行现场指导。各职能部门对处置工作及天佑公司后续鱼塘用地、鱼苗安置等诉求进行了现场答复,以期最大限度地减少因拆除工作对天佑公司造成的不必要损失。三门峡市检察院还协调农业渔政部门、水利部门分批多次转运鱼苗,挖坝通水,使被阻隔多年的黄河河道得以贯通。在市河长办、市检察院、市林业局、市黄河河务局等单位的共同努力下,示范区管委会出动120余人次,机械设备70余台(辆),历时20余天,完成了天佑公司79个鱼塘和3277平方米彩钢房、混凝土办公房等违章建筑物的拆除任务,恢复湿地面积约113.3公顷。

出动机械拆除天佑鱼塘围堤

鱼塘拆除后,恢复湿地面积约113.3公顷

(三)化解一批河湖陈年积案

在推进黄河"清四乱"工作中,市河长办移交市检察院河湖疑难"四乱"问题线索8处,市、县检察院共发出检察建议书8份,使全市47个"四乱"突出问题快速有效全部解决,修复了黄河生态环境。共清理污染水域面积2.2万平方米,拆除违建15万平方米、畜禽养殖场7处,关停非法排污口10处。除上述天佑鱼塘违建清除外,还清除了陕州区辛店村约2.9公顷鱼塘,恢复河湖原貌;湖滨区会兴镇会兴村沿黄12000立方米垃圾沟得到清理,种植速生杨500余棵、侧柏3000余棵,绿化面积达5000平方米。三门峡市黄河"清四乱"工作受到河南省人民检察院和河南省河长办的充分肯定,河南电视台《闻达天下》栏目进行专题报道。

三、经验启示

(一)借助生态环境公益诉讼是破解"四乱"问题的有效途径

生态环境公益诉讼是检察机关促进全面依法治国的新手段、新职能。习近平总书记多次发表重要论述,深刻阐明检察机关提起公益诉讼制度的重大意义,专门强调"检察官作为公共利益的代表,肩负着重要责任。检察机关是保护国家利益和社会公共利益的一支重要力量"。公益诉讼权是公权力,代表国家、人民对行政不作为、乱作为的问题开展法律监督。三门峡市"河长+检察长"治河机制体现了检察公益诉讼作用在帮助河湖管理部门处理难题时的有效发挥。

(二)创新是推进河湖长制工作的不竭动力

河湖管理保护是一项复杂的系统工程,涉及上下游、左右岸、不同行政区域和行业,需要调动各方力量,全力配合,多方联动。三门峡市在推进河湖长制工作中,探索出"河长+检察长"协作机制,在推进黄河"清四乱"工作中细化实化了各级河湖长任务,层层压紧、压实各方责任。河长办主动协调河湖长及部门履职,积极有效地解决了河湖管理保护存在的突出问题,切实做到了守河有责、守河担责、守河尽责。

（三）强化督导检查、依法依规清理是顺利推进"清四乱"工作的有力保障

三门峡市运用"河长+检察长"协作机制，推进黄河"清四乱"工作中，市人民检察院、河务局、市河长办采取明察、暗访的形式对沿黄各县（市、区）专项活动开展情况加强监督检查，对重点河段、重点区域整治工作进行重点检查，对生态敏感区域和排查发现的难点、热点问题进行重点督查，有效促进了黄河"清四乱"工作的顺利实施。

通过"携手清四乱 保护母亲河"专项行动，三门峡市沿黄生态环境明显改善，初步实现"河畅、水清、岸绿、景美"的目标，为全市转型发展、建设美丽三门峡做出了积极的贡献！

（执笔人：李清君　彭维雄）

河道采砂从"管不住"到"管住了"的南阳密码

——南阳市河道砂石资源国有化改革与生态修复工作实践*

【摘　要】　随着经济的迅猛发展,工程建设对砂石的需求呈现井喷式的增长,同时在价格暴涨带来的高额利益驱使下,非法采砂愈演愈烈,河砂管理长期面临着监管难、修复难、秩序乱、市场乱的困局,生态环境安全面临严重威胁。南阳市从改革管理体制入手,坚持规范管理、依法打击和生态修复并重,在较短时间内探索出了一条河道采砂规范化开采、智能化管理、国有化运营、联动式执法、可持续发展的路径,实现了由乱到治的历史性转变和生态、经济、社会效益的多赢。

【关键词】　河道采砂　改革　生态修复

2018 年以来,市委、市政府以习近平总书记在全国生态环境保护大会上对全面加强生态环境保护、坚决打好污染防治攻坚战做出的系统部署和安排为出发点,下定决心,坚定信心,谋划实施改革,力求以改革破困局、谋发展。

一、背景情况

南阳市位于河南省西南部、豫鄂陕三省交界处,总面积 2.66 万平方千米,总人口 1194 万人,辖 1 个县级市、10 个县、2 个区、4 个功能区,地跨长江、淮河、黄河三大流域,境内有白河、唐河、淮河、丹江四大水系,辖区内流域面积 30 平方千米以上河道 266 条、水库 561 座,是南水北调中线工程渠首所在地、京津冀豫地区后方"大水缸",也是千里

＊南阳市水利局供稿。

淮河发源地。

但随着经济的迅猛发展,工程建设对砂石的需求呈现井喷式增长,在利益驱使下,非法采砂现象愈演愈烈,河砂管理长期面临着监管难、修复难、秩序乱、市场乱的困局,生态环境安全面临严重威胁。依法强化河道管理,规范河道采砂秩序,切实维护河道安全和社会稳定,保护河道生态环境,已成为水利工作的重中之重。

针对河道采砂混乱无序、水生态环境不断恶化的状况,南阳市从改革管理体制入手,经市委、市政府研究同意,出台了《南阳市推进河道砂石资源管理改革的意见》,在河南省率先推行以河砂开采经营国有化为核心的改革工作,坚持规范管理、依法开采和生态修复并重,缓解了供需矛盾,规范了市场秩序,维护了河道生态,实现了人水和谐的总体要求,开启了河道采砂管理的新篇章,逐步实现了河砂管理由乱到治的巨大转变,实现了生态效益、社会效益、经济效益的多赢。

2019年,水利部领导到南阳调研,给予南阳河道采砂管理"管住了"的评价,对南阳市的做法给予充分肯定,指出"河南南阳市唐河县采砂实行统一经营管理模式,组建国有公司,经政府直接指定获得采砂权,经县水利局发许可证后,实行采运销一体化管理。现场看,监管很到位,采砂秩序良好,当地砂价也相对平稳,河道面貌也保护得很好。直接指定开展统一经营,许可的效率也明显提高。总体来看,实行统一经营效果是明显的"。

二、主要做法

(一)国有化运营,规范化管理

南阳市各县(市、区)按照"产权明晰、权责明确、政企分开、自主经营、自负盈亏"的原则,组建成立14家国有砂石公司;县级政府直接委托国有砂石公司对辖区内河道砂石资源实行统一经营管理;水利部门每年按照采砂规划和年度实施方案,向国有砂石公司审批发放采砂许可证;国有砂石公司以劳务委托的形式,选择有规模、有信誉、有责任的公司从事河砂开采,派驻现场管理人员;相关部门按各自职责进行行业监管。

南阳市部分县(市、区)国有砂石公司

为规范采砂管理工作,南阳市坚持政府主导,强化国企使命与担当,要求国有砂石公司严格执行"六统一联"(统一规划、统一发证、统一开采、统一销售、统一收益分配、统一管理、联合执法)管理模式,牢固树立山水林田湖草是一个生命共同体的理念,以打造秀美水域、保护生态安全为目标,认真践行生态文明建设,既满足维护河道生命健康的基本需求,又满足全市经济社会发展对砂石资源的需求,实现河砂开采、营运、销售、监管全覆盖。

(二)标准化生产,严格化监管

南阳市结合本地实际,重点推行六项生产模式:一是规模化开采,开采企业按照许可的作业方式,进行机械化开采,在许可范围内规范生产,保障市场供应。二是集中式堆放,将开采出的河砂集中运至河道管理范围外的堆砂场地,严禁在河道内堆放砂石和弃渣弃料。三是智能化监管,在开采点出入口设置地磅、方量扫描装置、电子围栏、GPS等现代化设备,严控开采总量、开采范围以及开采深度,实时监控采砂机具和运砂车辆,整个"采运销"环节实现监管闭环。四是配送式运输,根据用砂者需要,实施定向配送、定点供应,全市先后有2万余户群众自建房屋、装修等用上了送砂上门、价格低于市场价40%的"平价砂石",一些地方的贫困群众还享受到了半价或免费用砂的优惠。其中唐河县国有砂石公司注册"豫唐"品牌,生产袋装砂,每袋25千克,满足城市居民少量用砂的需求。五是生态化修复,严格落实"谁开采,谁修复""边开采,边修复",国有砂石公司定期在完成开采任务的区域通过植草、植树等方式进行河道生态修复。六是透明化监督,国有砂石公司统一在开采区外设立公示牌,对公司名称、责任人、监督电话和许可证上规定的开采时间、地点、范围、深度、开采量、作业方式等进行公示,接受社会监督。

宛城区白河河道采砂许可公示牌

为落实好习近平总书记对河南省非法采砂问题的批示精神,彻底根治河道非法采砂问题,2018年以来,南阳市先后开展"雷霆行动""零点行动"、采取"人防+技防"措施,强力推进打击河道非法采砂工作。一是严格落实河长制,在全市建立"党政负责制、部门协作制、行业网格制、绩效评价制,治乱法制化、治理系统化、监管信息化、参与全民化"的河长制"四制四化"工作模式,把河砂管理纳入河长制工作内容,市委书记、市长签发总河长令,组织开展"河长行动";二是实行网格制管理,水利部门倾巢出动、尽锐出战,市、县两级班子成员分片包干,下包一级,884名干部职工担任网格长、网格员,开展常态化明察暗访;三是开展专项整治,在全市连续组织开展4轮打击河道非法采砂专项行动,整改问题1500余个,查处案件120余起,党政纪问责100余人;四是推进智能化监控,全市累计投入资金20000万元,布设河道监控探头1900多个,建立"智慧河长"视频监控系统,使重要河湖"实时可见、即时可判、全域可控、全程可溯"。

(三)生态化修复,系统化治理

生态环境保护是功在当代、利在千秋的事业。南阳市坚持以保护水资源、防治水污染、改善水环境、修复水生态为主要任务,严格依据《河南省河道采砂现场管理暂行规定》《河南省水利厅关于进一步推进河道采砂管理规范化制度化的意见》有关规定,各县(市、区)因地制宜,结合河道治理需要,按照"国企运作、采销分离、取之于河、用之于河"的原则,对采后河道进行平复、修复,利用现有地理条件,采取植树、植草等办法,恢复河湖生态。

为贯彻习近平生态文明思想、有效落实生态修复工作,南阳市对各采砂作业区提出了三个要求:一是清理弃料堆体,各采砂作业区内的弃料堆体以及岸边、出砂道路产生的坑洼不平的地带,彻底铲平修复,恢复原始地貌;并利用有利的地理条件,种植草皮、植被,修复生态。二是洁化河面,利用船只打捞河面上残留的漂浮物,同时安排采砂作业区工作人员随时监督,确保河面时刻保持洁净状态。三是净化河水,各采砂作业区加大三级沉淀池、生活垃圾、污水池的建设力度,洗砂废水中的淤泥得到有效沉淀,使废水得以循环使用,沉淀出的淤泥、生活污水和垃圾每天按时清运出河道,做到污水零排入。唐河县制定河道生态修复试点试行方案,先后对河道采砂作业区进行采后生态修复,采用植物恢复、岸线绿化等手段,累计平整河道155.61万立方米,河道护坡、绿植覆盖59294.26平方米,逐步实现了河道景观与周边环境的完美结合,人与自然和谐发展的新画卷正在徐徐展开。

唐河县井岗屯采砂作业区生态修复前、后对比照

三、经验启示

加强河道采砂管理、规范河道采砂工作、修复河道生态环境是实现可持续发展、维护河湖生命健康的必经之路。南阳市始终坚持以习近平生态文明思想为指引,认真贯彻落实上级相关部门的文件要求。在省水利厅、市委、市政府的统一安排部署下,随着实践持续深入、认识持续提升,全市上下统一思想、凝聚共识,破除阻碍、克服困难,最终取得了较好的成绩,为人民提交了一份满意的答卷。

在长期的采砂管理工作改革中,南阳市吸取教训、总结经验,将其归纳为"四点"。

(一)以党政负责为核心点

全市建立以河长制为核心的责任体系,坚持"党委政府负主体责任,各级河长负领导责任,相关部门负监管责任",明确各级河长职责,形成"有困难找河长、有情况报河长、出问题查河长"的工作局面,将部分超出水利部门职权范围的问题报党委政府或河长协调解决,构建起部门各负其责、齐抓共管、层层落实的工作格局,真正形成"党政负责、部门联动"的强大合力。

(二)以疏堵结合为支撑点

河砂难管的根本在于供需矛盾突出,政策越是收紧,砂价就越高,不法分子越是敢于铤而走险,因此绝不能一禁了之,必须要在严打非法采砂的基础上,科学规划、合理开发河砂资源,扩大市场供应,同时做好惠民平价砂石的建设宣传工作,以此稳定市场秩序和河砂开采秩序。

唐河县惠民平价砂石基地为群众办理购砂手续

(三)以规范开采为关键点

实现河砂规范开采是河砂管理工作的主要目标和重要任务,也是检验工作成色的试金石,推行河砂国有化开采经营不是目的,仅是一个手段。国有化改革能将一些小、散、乱企业排除在外,有效遏制乱采乱挖、超载超限、欺行霸市等行为,并且更加便于精准有效地进行执法监管,斩断非法采砂利益链,规范市场秩序。

(四)以推广机制砂为突破点

砂石资源是不可再生资源,目前全市年用砂量约为规划开采量的2倍,是自然生成量的4~5倍。机制砂作为河砂替代品,是一项国家战略新兴产业,具有取材便利、技术成熟等优点,在三峡工程、港珠澳大桥工程中得到广泛应用。南阳市认真落实十五部委《关于促进砂石行业健康有序发展的指导意见》,一方面加强对机制砂生产应用的政策引导,另一方面积极引导国有砂石公司积极上马机制砂生产线(唐河县国有砂石公司已上马一条年产 800 万吨的机制砂生产线,目前一期、二期已建成年产 300 万吨的生产规模)。

全面做好采砂管理工作不是一朝一夕之功、一蹴而就之事,要因地制宜、结合实际地建立生态保护长效机制,加快制度创新,强化制度执行,统筹做好资源利用和生态环境保护,用最严格制度保护生态环境。要持续在深化河砂管理改革方面下功夫、做文章,努力为建立河砂管理新秩序、推动经济社会持续健康发展做出新的更大的贡献。

(执笔人:张富强　闫道畅　李大伟)

把支部建在河上　助力河道联防联治

——南阳市积极探索"河长+全域党建"新模式*

【摘　要】　南阳市高度重视生态文明建设,全面贯彻落实习近平生态文明思想,坚持以党建为引领,聚焦河湖治理和沿线发展。为了把相关职能部门和基层组织力量统一起来,把河湖治理、生态保护和沿岸发展的资源整合起来,打破原有的层级、区划、部门和体制限制,开创运用"全域党建"新理念,把党组织"建"在河上,凝聚各方治河力量,助力河长制深入落实,实现了联防联治的治理长效机制,推进河长制工作抓实抓细、落地见效,打造河畅、水清、岸绿的宜居环境。

【关键词】　河长制　党员　全域党建　联防联治

南阳市深入把握河长制与全域党建的结合点、支撑点,创新建立"河长+全域党建"模式,严格履行"一岗双责",发挥基层党组织和广大党员的战斗堡垒作用与先锋模范作用,形成组织引领、党员带动、群众参与的护河合力,努力打造美丽、和谐、幸福的人民宜居地。

一、背景情况

南阳市独特的自然地貌孕育了丰富的水资源,地跨长江、淮河、黄河三大流域,境内有白河、唐河、淮河、丹江四大水系,流域面积30平方千米以上河道266条、水库561座,是南水北调中线工程渠首所在地、京津冀豫地区后方"大水缸",也是千里淮河发源地。长期以来,南阳市的经济和社会发展迅速,但却忽视了对生态环境的保护,群众的环保意识较为淡薄,乱占、乱采、乱堆、乱建等河湖"四乱"问题频发,同时由于各地区、各部门党委、党支部长期"划区而治"、各自为战,缺乏部门联动和齐抓共管的治理合力,导致河湖治理工作存在整体性不

---

　*南阳市水利局供稿。

够、协同性不高、互动性不强等问题,河湖突出问题难以得到及时有效的推动。

为解决以上问题,2020年5月,湍河市级河长率先提出并牵头成立了湍河治理联合党委,沿河3个县级河长牵头成立了党总支,乡村建立了党支部和党小组,形成了上下贯通、严密高效的组织体系,通过发挥联合党组织优势,凝聚各方力量,握指成拳,利用"全域党建"新理念助推河长制工作从"有名有实"到"有力有为"的转变,系统推进治理工作的整体性、协同性和互动性。湍河流域"四乱"问题全面清零,河道面貌大幅改善,初步打造出幸福河湖样板。市河长办复制湍河经验,"河长+全域党建"在全市遍地开花,成效显著。

二、主要做法

南阳市积极探索运用"全域党建"模式,创新党的基层组织设置和活动方式,围绕构建两个高质量工作体系,紧扣全市中心工作和重点任务,以组织加强引领、以制度作为保障、以督导促进落实,建立统领统筹的联合党组织和规范有序的工作机制,为探索全域党建及优化河湖治理提供了南阳方案。

(一)突出党政负责制,加强组织领导

聚焦河湖治理和沿岸经济社会发展,全面推广湍河"全域党建"经验,南阳市白河、唐河、淮河、丹江水系总河长牵头成立4个市级河流管护联合党委、8个县区河流管护联合党总支,5000多名党员成为巡河护河的坚强堡垒,以党员的先进性带动广大群众护河的积极性,形成了全域治水、全民护水、上下联动、左右互动、齐抓共管、同频共振的河湖管护新格局。

全域党建组织体系中既有党委、党总支、支部,还有各个党小组,做到了全覆盖、无盲区。市水利局引导各采砂作业区建立联合党支部,吸收四个责任人、属地乡镇村组干部、群众党员加入,宣传采砂管理政策、化解群众矛盾纠纷、监督实施生态修复,取得了干部支持、群众满意的良好效果,涉砂举报舆情较往年大幅下降,采砂管理工作跃

中共南阳市淮河治理联合党委成立现场

上新的台阶。在联合党委的统一领导和指挥调动下,各县(市、区)围绕本地实际,理清工作思路,创新管理机制,制定出切实有效的河湖治理与发展规划,实现了河湖治理党建全方位引领、全领域统筹、全链条覆盖的新局面。

中共南阳市湍河治理联合委员会工作制度

(二)制定工作制度,规范高效运行

一是明确定期巡河任务。在制定的巡河制度中要求各级联合党组织落实巡河责任,规定巡河频次,开展常态化巡河,定期召开碰头会议,分析形势,研究解决具体问题。

二是建立衔接配合机制。联合党组织委员通过参加"双重"组织生活,及时掌握河湖治理需求点和部门政策供给点,找准工作结合点,用好部门资源助力河湖治理。上下游、左右岸联合党组织定期会商,对接沟通,共管共治。

三是建立述职考核机制。通过坚持分层述职、定期评议的方式,不断促进各级党组织担当作为、履职尽责。邓州市联合党总支每半年组织一次述职评议,把"全域党建助力湍河治理"工作纳入三级书记党建述职、支部书记"大比武"内容,评议结果与党员年度考核评先评优等挂钩,每年评出一定数量的"最美河段""最美巡河员"等予以表彰。

四是建立投入保障机制。设专门财政经费用于联合党组织工作、河道治理与护河行动补助。市财政拿出150万元用于全域党建奖励资金,内乡县财政安排138万元用于河道保洁员每人每月300元补助,投入300多万元用于拆除废弃桥坝和清运河道垃圾等。

南阳市白河治理联合党总支开展护河行动,助力河湖管护

(三)强化督导指导,督促整改提升

一是开展巡河督导。各级联合党组织定期开展巡河督导,对巡河过程中发现的问题进行现场交办,督促建立问题台账,压实责任,挂牌督办,并监督被交办单位的整改落实情况,对逾期处理或者未进行整改的进行全市通报。

二是开展专项督导。汛期到来前夕,市委组织部部长、市联合党委书记专门进行巡河指导,对做好防汛工作提出了风险排查、预案制定、联动预警、物资储备、反应快速、党建保障"六个到位"的要求,联合党委及时下发文件传达到各联合党组织和每位党员,要求抓好贯彻落实。

三是开展观摩督导。市联合党委组织各县(市、区)联合党组织人员,就全域党建助力湍河治理工作情况进行现场观摩,相互学习,相互借鉴,交流经验,取长补短。

三、取得成效

南阳市结合实际,创新方法,通过打好全域党建"组合拳",发挥了党的组织优势、思想政治优势和群众工作优势,凝聚了各方面的有效资源和治理合力,解决了一批长期想解决而没有解决的问题,取得了河湖治理的显著成效。

(一)凝聚合力初显成效

在联合党组织框架下,实现了横向的有效"扩链",各级河长办、水利、林业、国土、公安、检察院等相关部门共同参与、通力合作,变"单兵作战"为"统一领导",开展河长制成员单位联席会议,共同商讨涉河行政审批、河湖"清四乱"和打击非法采砂等重点工作,破解联审联批、协同打击等难题。同时通过联合党组织建立的跨流域、跨区域联合会商机制,共同研究,共管共治,实现了交叉交接交汇处的"补链",解决了一些上下游、左右岸因推诿、扯皮等因素造成的长期遗留问题,实现治理全域推进、问题全域解决、社会全域参与。新野县上港乡河道内长期停靠一艘大型废弃游船,市河长办多次督办未果,县级联合党组织成立后,协调县直部门、当地政府等多方力量,召开联席会议,仅用2天时间全部清理完毕。

(二)"四乱"问题有效治理

在河湖治理工作中,南阳市始终坚持问题导向和结果导向,在联合党组织的引领下,联合各成员单位开展专项整治行动,联防联治,全面排查,建立台账,切实做到"有一销一"。截至目前,通过明察暗访、舆

全域党建助力湍河治理工作推进会议现场

情反映、群众举报等途径获取的案件线索,均通过省、市平台进行交办,并已全部整改销号;结合南阳市污染防治攻坚领导小组办公室组织实施的"三清一查"专项行动方案,市河长办要求各县(市、区)及时上报"三个清单"及"四乱"台账并进行整改落实,2021年上半年全市共排查"四乱"问题67个,较去年同比减少77.4%,已全部完成整改销号。

(三)群防群治日渐升温

在河道管护范围内设置"党员责任岗",形成组织引领、党员带动、群众参与的强大护河合力。通过全域党建,实现了纵向的有效"延链",市县乡村四级联动,发挥党的群众工作优势,做深入细致的思想政治工作,引导群众、组织群众、发动群众,真正把爱河、护河,变成沿河群众的思想自觉和行为自觉,实现河湖治理工作共管共治、共建共享。邓州市蓝天救援队是一支民间公益组织,由机关公务员、退伍军人、公安民警、人民教师、医生护士、工商业主等社会各界爱心人士100余人组成,积极主动参与各项应急救援活动,协助政府开展防灾、减灾工作和义务巡河护河,目前已成为全域党建助力湍河管护的中坚力量。

邓州市湍河街道湍河管护联合党支部宣誓现场

四、经验启示

全域党建助力河道治理是改善人居环境、造福群众的民生工程，为保障"河畅、水清、岸绿"，南阳市结合河长制工作，与时俱进，在探索河道综合治理新模式的过程中，不断总结归纳经验教训，在挫折中找方法，在未知里找出路，保持稳中求进总基调，以全域党建引领河长制，谱写人水和谐的新篇章。

（一）因需而联，科学而建

解决河湖突出问题，是当前河长制工作的重中之重，但各地气候、地势、水文等条件各不相同，因此不能照搬照抄，要严防出现同质化，紧紧围绕河湖治理发展这个中心任务，结合工作实际，把涉及治理发展的相关职能部门联建起来，把有利于治理发展的力量和资源整合起来，按照管理权限，科学设置联合党委、党总支、党支部和党小组，形成齐抓共管的工作格局，实现河湖治理和组织设置全覆盖。

（二）围绕重点，精准发力

河湖综合治理是一个长期性工作，不同时期有不同的任务重点。一是在日常工作中持续做好打击非法采砂及"清四乱"工作，组织开展"清四乱"专项整治行动，坚决消存量、遏增量。同时在采砂作业区建立联合党组织，实行铁腕治砂，对蚂蚁搬家、零星偷采等各类违法行为,坚持"露头就打",始终保持高压严打态势,全面遏制非法采砂行为。二是在汛期来临时,把工作重心放在防汛度汛上,把党旗插在防汛第一线,及时排查险情,切实做到防汛工作"六个到位",同时抓好水环境保护、沿岸经济社会发展。

(三)广泛宣传,凝聚力量

河湖治理贯彻的是创新、协调、绿色、开放、共享的发展理念,考验的是党的执政能力,连着的是群众利益。南阳市利用组织政策培训会、编发宣传手册、设置信息公示牌等方式,营造起全社会关心、支持、参与的舆论氛围。同时,通过搭建"全域党建"工作平台,广泛吸纳建制内外、企事业单位及社会团体党员,充分发挥党员的先锋模范带头作用,汇聚各方力量参与治河护河,全力打造治理造福人民的幸福河。

在"全域党建"理念的引领下,南阳市持续深化完善河长制工作,立足"一心两山环众湖、三渠九水润京宛"的水系总体布局,通过河道治理、联合执法、全民护河等一系列措施,不断推动河长制从"有实"向"有为"转变,助推生态文明建设,在现有的良好基础上紧跟时代步伐,一幅河畅、水清、岸绿、景美的新画卷正在南阳徐徐铺展开来。

(执笔人:张富强 闫道畅 李大伟)

扎实推进河长制　建设美丽幸福河湖

——南阳市创新推行"四制四化"工作模式 *

【摘　要】　深入落实河长制、保护好河湖生态环境对全省乃至全国具有重要的政治意义、战略意义和生态安全意义。南阳市在全面推行河长制的实际工作中探索出"四制四化"工作模式,推动河长制从"有名有实"向"有力有为"转变,强化河长履职尽责,在河湖管理保护实践中发挥了重要作用,取得了明显成效。

【关键词】　河长制　四制　四化

全面推行河长制,是以习近平同志为核心的党中央为加快推进生态文明建设、实现中华民族永续发展的战略高度做出的重大决策部署。南阳市在贯彻习近平生态文明思想,落实河长制,推进河湖治理保护的实践中,逐步探索形成了顺应新时代高质量发展的河长制工作新模式。

一、背景情况

南阳市地跨长江、淮河、黄河三大流域,境内河湖众多,水资源丰富,是南水北调中线工程渠首所在地、千里淮河发源地。水是南阳最为灵动的韵脚,更是 1200 万南阳人民和 5000 名河长孜孜守护的明珠。随着经济社会的高速发展和人民对物质文化需求的不断提高,生产、生活方式发生了快速转变,原有的政策制度已难以应对新形势下产生的复杂问题,创新完善河湖管理机制已迫在眉睫。为创新管理机制,推进河湖治理,南阳市总结长期以来的经验教训,不断学习借鉴先进经验,结合实际探索形成了"党政负责制、部门协作制、行业网格制、绩效评价制,治乱法制化、治理系统化、监管信息

＊南阳市水利局供稿。

化、参与全民化"的"四制四化"工作模式,在河湖管理保护实践中发挥了重要作用,取得了明显成效。

2019年12月水利部就南阳"四制四化"工作模式专题刊发简报。2020年7月南阳市委、市政府以两办文件印发《南阳市深化完善河长制"四制四化"工作模式 强化河长履职尽责实施意见》,形成以落实河长责任为核心的河长制推进机制,同年"四制四化"模式被评为"2020全国基层治水十大经验"之一。

二、主要做法

(一)坚持治乱法制化

面对河道"四乱"、水环境恶化等问题反复出现、禁而不绝的现象,南阳市一方面发挥人大、政协的监督作用,有计划地开展法律监督、工作监督和社会监督,定期听取河长制工作汇报,出台《白河水系水环境保护条例》《城市河道管理办法》,有力推动全市依法治水进程;另一方面深入推进"清四乱"常态化、规范化,组织开展专项整治或联合执法行动,拉网式全面排查河湖"四乱"问题,发现一处、清理整治一处,做到应改尽改、能改速改、立行立改。对河湖管理"老大难"问题。南阳市在贯彻落实河南省委、省政府推行"河长+检察长"制决策部署的基础上,立足原有"河道警长"的工作实际,创新推行"河长+检察长+警长"机制。为加快推进行政执法、刑事司法和检察监督有机衔接,严厉打击各类涉水违法行为提供了强有力的法治保障。自"河长+检察长+警长"机制建立以来,全市检察机关共批准逮捕破坏水生态环境犯罪30件50人,提起公诉160件209人,监督公安机关立案4件5人,一大批顽瘴痼疾得以有效解决。

(二)坚持治理系统化

面对河湖管理出现的诸多问题,南阳市从实际情况出发,多措并举,采用"统筹、协调、强化"的系统化治理思路,一是开展联防联控,对跨行政区域的河湖,探索建立行政区域间联合会商机制,提倡河长"多走1公里",统筹河湖管理保护目标,协同落实跨界河湖管理保护措施,不留死角,不留空当。二是持续推进坑塘综合整治、巩固提升工作,按照"分级管理、分级负责"原则,建立健全县、乡、村三级管理体系,实行"塘长制",完善维护养护机制,确保坑塘永续发挥效益。三是大力实施四水同治,充分发挥南水北调综合效益,加快推进重大水利工程建设,实施地下水超采区综合治理,加强水灾害防治,强化乡村水利基础设施建设,持续提升水资源配置、水生态修复、水环境治理、水灾害防治能力,努力构建"系统完善、丰枯调剂、循环畅通、多源互补、安全高效、清水绿岸"的水利基础设施网络。

(三)坚持监管信息化

为进一步提高河湖管理保护信息化水平,南阳市积极探索实践"河长+互联网"机制,强化"技防"措施,以信息化推进河湖监管信息化。一是在重点水域、敏感河段安装摄像头,布设河道监控探头1900个,构建"智慧河长"视频监控系统,实现河道"实时可见、全域可控";二是建立国有砂石公司智能管理系统,在采砂船、运砂车辆上安装实时定位系统,使采砂现场"即时可判、全程可溯";三是利用无人机对14条1000平方千米以上河道开展"拉网式"排查,整改台账直接通报县级河长。

南阳市"智慧河长"综合调度中心大屏

(四)坚持参与全民化

南阳市积极营造宣传氛围,引导社会力量参与河湖治理,倡导全民共管共治。一是拓宽宣传渠道,创新宣传手段,组织开展"护河卫士"评选、"两山"擂台赛——绿水赛,开展河长制进党校、进机关、进校园、进企业等活动,并在主流媒体广泛开展河长制宣传报道,在公共场所、河湖岸边等通过设置宣传标语、宣传画等形式大力营造宣传氛围。二是聘请热心社会公益事业的民间人士义务兼任"民间河长",当好河湖管护的践行者、推动者、宣传者和监督者,建立"河长+乡贤河长""河长+企业河长"等机制,通过"乡贤河长"德行善举的示范引领、"企业河长"的源头治水护水,使河长制工作更接地气、更切实际、更具活力,进一步营造社会各界共同关心爱护河湖的良好氛围。

南阳市 2020 年河长述职会议("两山"擂台赛——绿水赛)

三、经验启示

河长制推行以来,南阳市坚持从习近平生态文明思想中寻找解决河湖突出问题的方法和对策,善于从讲政治上谋划、部署、推动河长制工作,吸取教训、总结经验,持续完善工作体系,将其归纳为"四制"。

(一)全面落实党政负责制

全市建立以河长制为核心的责任体系,完善顶层设计。市、县、乡三级党委、政府主要领导分别担任本行政区域第一总河长和总河长。共设立四级河长5008名,组建市、县、乡三级河长办,市四大班子主要领导分别担任白河、唐河、淮河、丹江水系总河长,18个市领导担任市级河长。市、县级党委常委会议、政府常务会议每年研究一次河长制工作,按照河长制工作有关要求召开总河长会议、水系总河长会议和河长会议,贯彻落实国家、省、市重大决策部署,研究确定河长制重点工作、重要制度,协调解决重大问题,推进落实重点任务。同时,总结借鉴全域党建在疫情防控期间的成功经验,创新建立"河长制+全域党建"模式,以党建为引领,把支部建在河上,组织党员在巡河、管河、护河中发挥先锋模范作用,动员广大群众积极参与,构建共建、共管、共治的工作格局。全市共成立4个市级河流管护联合党委,8个县区河流管护联合党总支,5000多名党员在巡河、护河、治河中"举党旗战一线、亮党徽当先锋",形成了全域治水、全民护水、上下联动的河湖管护新格局。

(二)全面落实部门协作制

市水利局、生态环境局、城市管理局、住房和城乡建设局主要负责同志担任市河长办副主任,18个河长制成员单位分别担任1名市级河长的对口责任单位,积极协助服务对口河长开展工作,联合办公、联合执法,开展明察暗访、督办督查、年度考核等工作,形成有效合力。市、县级纪委监委与同级河长办建立协作联动机制,对于重大问题多、整改不力或虚假整改的相应河长和有关部门,按照有关规定,及时移交问题线索,由纪委监委依规依纪处理。

(三)全面落实行业网格制

按照"全域覆盖、无缝衔接、属地管理、分级负责、及时发现、快速处置、明晰责任、奖优罚劣"的原则,南阳市全面深化水利行业网格化管理制度,严格落实"河长+网格长"制,夯实水利系统层级管理责任,全面提升监管水平;市、县两级水利部门班子成员分片包干,担任网格长,设立网格员,形成管理网格,与市县乡村四级河长体系共同构建起全方位、立体化的河湖管理工作格局。组织154名网格长、730名网格员开展多轮明察暗访、集中巡河,有力促进了河湖问题高效解决。

（四）全面落实绩效评价制

县级以上河长办组织对下级党委政府河长制工作整体情况、下级河长履职尽责情况、同级成员单位工作完成情况等开展考核，充分发挥考核"指挥棒"和"风向标"作用，科学应用考核结果。南阳市委、市政府连续两年将河长制工作纳入"党的建设高质量和经济发展高质量"绩效考核内容，考核结果与干部综合考核评价挂钩，与部门的目标管理绩效考核挂钩，与落实督查激励机制挂钩。市委、市政府探索推行河长述职新模式，以举办"两山"擂台赛——绿水赛的形式召开全市河长述职会议，县级总河长比赛打擂、同台竞技，评选出"金杯""银杯"，拿出真金白银予以奖励，推进河长制工作深入开展。

河长制不是"冠名制"，而是全面落实绿色发展理念、推进生态文明建设的内在要求，只有坚持和完善"党政负责制、部门协作制、行业网格制、绩效评价制，治乱法制化、治理系统化、监管信息化、参与全民化"的"四制四化"工作模式，做到"内强素质建机制，外树形象立权威"，才能从根子上破解河湖问题，真正将河长制落到实处、河湖管理工作见到实效。

（执笔人：张富强　闫道畅　李大伟）

"三长"合力 共建水美家园

——"河长+检察长+警长"机制助推南阳社旗县
水生态文明建设*

【摘　要】　在当前社会经济快速发展的背景下,生态环境治理面临巨大挑战,尤其是在河湖管理保护方面存在着非法采砂屡禁不止、河湖"四乱"反弹严重等问题。社旗县以落实河长制为契机,创新建立"河长+检察长+警长"机制,充分发挥检察机关、公安机关职能,推动河湖管理步入法治化轨道,加快推进社旗县水生态文明建设。

【关键词】　水生态修复　"河长+检察长+警长"　深化协作

社旗县认真贯彻落实党中央、国务院关于重视水安全和河湖管理保护工作方面的指示精神,以新理念、新思路对河长制工作的模式和制度进行创新,在市委、市政府的坚强领导下,在河长办、检察院、公安局及有关部门的协同努力下,稳步推动"河长+检察长+警长"工作从"有名有实"到"有力有为"的转变。

一、背景情况

社旗县是河南省南阳市下辖县,位于河南省西南部,南阳盆地东缘,紧邻南阳市区。自古有"依伏牛而襟汉水,望金盆而掬琼浆;仰天时而居地利,富物产而畅人和"之说。全县辖16乡镇(街道),257个行政村(社区),人口73.6万人,面积1203平方千米,耕地面积约8.7公顷。地势由东北向西南倾斜,浅山过渡到平原,全县14条河流,呈半扇形辐射状,自北向南经唐河入汉水,属长江流域唐白河水系。

丰富的生态资源给社旗县带来适宜环境的同时,环境治理任务

＊南阳社旗县人民检察院、社旗县水利局供稿。

也十分艰巨,加之社会经济的快速发展,水环境恶化、农业和养殖业水污染、河道"四乱"等问题反复出现、禁而不绝。社旗县全面推行河长制工作机制,在县河长办及县、乡、村三级河长的共同努力下,有效解决了一批河湖问题,河湖环境逐渐向好,但仍有部分历史遗留问题因时间较长、牵涉范围广等原因未能彻底整改。为了根除这些疑难问题,社旗县河长办经过两年的研究和探索,结合社旗县实际情况,在市领导的指导下,着力构建出区域协作、部门联动、打防结合、快速有力的行政执法、刑事司法和检察监督新格局,"河长+检察长+警长"联动长效机制也随之建立起来。

二、主要做法

(一)高位推动,助力"四乱"整治

2020 年,南阳市召开全市河长制工作暨"河长+检察长+警长"联动机制推进视频会议,县委、县政府领导高度重视,积极响应会议精神及工作要求,对"三长"联动机制的工作开展进行重要批示,要求河道总检察长、河道总警长在总河长的牵头领导下开展工作,各级河道检察长、河道警长在相应河长及河道总检察长、河道总警长的牵头领导下开展工作,做到守河有责、守河担责、守河尽责。

在市、县两级领导的高位推动下,社旗县河长办联合县检察院、县公安局共同开展河湖"四乱"问题排查整治活动,"三长"发挥各自职能优势,采用现场核查与无人机巡河等形式对县内河湖存在的问题进行集中巡查,共收集河湖四乱问题线索 69 件,河长办全部交办相关单位限期整改,对于其中历史遗留时间长、整改不力的 5 处问题,县检察院适时启动公益诉讼前程序,发出检察建议 5 件,整改落实率达到 100%,有效地彰显"河长+检察长+警长"的执法刚性。在"河长+检察长+警长"的共同努力下,共督促有关部门封堵入河排污口 18 个,清理河道垃圾 9 处 34 吨,新建污水管网 4828 米、截污纳管 4100 米,拆除入河排污暗管 1812 米,清理被污染河道面积约 2.9 公顷,恢复被侵占河道面积约 2.2 公顷。

(二)联合执法,打击非法采砂

近几年,河道采砂问题在河长制机制体制的作用下取得了很好的治理效果,但"蚂蚁搬家式"非法采砂现象尚未杜绝,机械式盗采仍时有发生。为落实好习近平总书记对河南省非法采砂问题的批示精神,彻底根治河道非法采砂问题,由南阳市河长办牵头,市检察院、市公安局共同参与,在全市范围内先后开展"雷霆行动""零点行动"等打击非法采砂专项行动,各级河长办、检察院、公安局各司其职,分工协作,充分运用"河长+检察长+警长"机制,强力推进打击河道非法采砂工作。社旗县河长办联合县检察院、县公安局组织开展明察暗访,运用"智慧河长"监控系统及无人机航拍等信息化手段,在禁采区、敏感区及非法采砂易发河段加密巡查频次,严格落实"人防+技防"。截至目前,共累计出动人员196人次,车辆55车次,对全县14条河流进行了全面巡查,对唐河、赵河、毗河3条有河砂的部分河段进行夜间突击巡查,经过持续高压打击,县境内河道非法采砂现象得到有效遏制。

"河长+检察长+警长"开展联合巡河

(三)多效合一,化解矛盾隐患

"河长+检察长+警长"联动机制的建立,打破了原有的部门和体制限制,填补了河长在检察、诉讼和司法方面的短板,将检察建议、公益诉讼、行政执法、刑事司法融为一体，确保行刑链接、凝聚合力，在成功解决了多年来一直想解决而未解决的"顽疾"的同时，也化解了群众与执法部门的矛盾隐患。

针对省级河流唐河社旗县段河道乱种柳树问题（涉及郝寨镇小朱营段、兴隆镇建庄段共计2.12公顷），经社旗县河长办多次督导并与责任乡镇协调一直未能彻底整治，严重影响唐河干流"清四乱"专项整治行动的进展。2020年9月，县河长办组织召开"河长+检察长+警长"联合执法研讨会，把该问题列为重点整治的突出问题，进行联合挂牌督办。会后"三长"联合深入问题现场，组织涉事的两乡镇干部近30人，动用3台机械对唐河河道乱植的2.12公顷柳树进行集中清理，先后4次到涉事群众所在的村组进行普法宣传，并多次到涉事群众家中进行调解，涉事群众对此也表示理解和支持，有效地化解了信访隐患。

"河长+检察长+警长"现场联合办公

三、经验启示

"河长+检察长+警长"机制的建立是实现水环境法治化的有益探索，但在实施过程中还要结合本地区实际，坚持做到"三个着力"，使"三长"制度发挥实效。

一是在联合协同上着力。河流湖库治理是系统工程,需要在党委统一领导下,行政机关、司法机关与公安机关各司其职并互相协作配合,实现协同治理。在"河长+检察长+警长"机制中,检察机关、公安机关承担着打击刑事犯罪、开展公益诉讼监督的法定职责,同时也具有衔接监督行政管理与司法、刑法活动的特定职能,应当在河道治理联合协同上发挥推动作用。同时"三长"要加强在打击涉河刑事犯罪方面的协作,畅通行政执法与刑事司法衔接渠道,促进统一涉河涉水犯罪认定标准,构建依法、高效、公正的刑责追究机制。

二是在治理修复上着力。推进水污染治理、水生态修复、水资源保护是"河长制"工作的重要任务。将检察机关、公安机关融入"河长制"工作体系,服务保障国家水生态安全,应当在发挥系统职能、促进河流水质治理修复上用力。实践充分证明,污染在水里,根子在岸上,因此要推进"河长+检察长+警长"依法治河模式,河道检察长、河道警长把促进"水岸同治"作为重要着力点。一方面,加强城镇污水管网和污水处理设施建设、农业面源污染、沿河沿库畜禽养殖污染及沿岸工业特别是化工污染等领域的公益诉讼监督,督促行政机关加大水污染防治设施建设投入和行政执法监管力度。另一方面,通过合理规划、建立一定数量的林业、渔业生态修复司法示范基地,发挥警示教育和集中修复的作用。

三是在职能整合上着力。在河长制工作中,基本上形成了以行政执法为主,刑事司法、检察监督为补充的格局。近年来,社旗县河长办、县检察院与县公安局尝试构建"行政打击为先导,刑事打击、公益诉讼为主导"的联合执法模式。两年多的实践表明,这一制度有利于整合"河长+检察长+警长"职能,有利于打造"内部协作、上下协同、尺度统一"的一体化工作格局,也有利于促进行刑衔接与对外协同联动。河道"三长"工作的有效链接,在实践中发挥的作用已经逐渐显现。

(执笔人:郭德生　张松业　周利)

坑塘变花园　乡村美如画

——商丘永城市演集街道办事处全面推行河长制综合治理农村坑塘探索[*]

【摘　要】　永城市演集街道办事处高度重视水环境综合治理,全面贯彻落实习近平生态文明思想,坚持自筹自建,打造水美乡村,助力镇区经济发展。为把农村坑塘治理好、管护好,以全面推行河长制湖长制为抓手,对辖区内农村坑塘存在的废弃、损毁、淤积、污染等突出问题进行综合整治,构建了"来水能引、降水能蓄、沥水能排、旱涝能调"的农村水网格局,打造了"水清岸绿、环境优美、人水和谐"的农村水文景观。

【关键词】　统筹规划　建管并重　农村坑塘　科学治理

　　2018 年 2 月,习近平总书记在四川省考察工作时强调:要抓好生态文明建设,让天更蓝、地更绿、水更清,美丽城镇和美丽乡村交相辉映、美丽山川和美丽人居有机融合。正如一句诗所言:人应该诗意地栖居在大地上。美丽宜居的家园是每个中国人的梦想,也是我们党的努力方向。全面推行河长制以来,演集街道办事处梯次推进农村坑塘治理,逐步消除农村黑臭水体,打造出塘清、岸绿、水清、景美的新时代乡村图景。

一、背景情况

　　演集街道办事处位于河南省永城市中部,辖 16 个行政村、14 个社区居委会。长期以来,辖区内坑塘因缺乏管理,垃圾遍地、污水横流、蚊虫肆虐、臭气熏天,严重影响了群众生产生活。

　　在习近平生态文明思想指引下,演集街道办事处以全面推行河长制湖长制为抓手,着力推进乡村生态文明建设,下大力度对农村

---

[*] 商丘永城市河长制办公室供稿。

坑塘进行治理,消除黑臭水体,建设美丽乡村。2019年,演集街道办事处按照省、市《关于实施乡村振兴战略加强农村河湖管理的通知》要求,结合农村环境整治对农村坑塘、沟渠等小微水体开始实行治脏、治乱、治差、治污、治塘、治破"六治"行动。根据各行政村、社区居委会自然条件和经济基础,统筹规划,科学治理,制定了"一塘一策",对不同问题的坑塘采取不同治理措施,重点以恢复坑塘的蓄、排、灌、补能力以及生态景观等为着力点,努力改善农村坑塘环境,改善人们生活、生产条件,辖区内116个农村坑塘全部得到有效整治,极大地推动了区域经济发展。

演集街道韩寨村坑塘治理成效

二、主要做法

(一)加强领导,落实责任

先后成立了由街道党工委书记任组长的"生态演集建设工作领导小组""演集街道办事处环境保护工作领导小组",把水生态环境保护作为一项政治任务来抓。出台了《演集街道办事处河长制工作方案》,制定了《演集街道办事处河长制工作制度》《演集街道办事处河长巡河制度》等,明确街道办、村(居)两级河长及各部门工作职责,分级负责和组织推进本辖区内河长制湖长制工作,做到全域一盘棋,贯通一张网,目标同向、节奏同频、效果同步。

（二）多元投资，分类实施

采取整合农村人居环境改善、农田水利设施建设、美丽乡村建设等涉农项目资金，以及社会捐助、村民众筹共建等方式多渠道筹措坑塘整治资金。具体做法为：一是演集街道办事处利用以上项目资金对坑塘改造项目进行适当倾斜，以奖励补贴的办法予以支持。二是演集街道办事处主要领导召开村（居）两委会议，扩大当地群众对坑塘治理的知晓度、参与度，调动群众和民营企业家对身边坑塘共建共管的积极性。当地群众热情高涨，捐资捐物，出工不计酬；民营企业家慷慨相助，构建出多元化投资机制，保障了坑塘改造工作的顺利进行。

同时，为做好坑塘整治，对辖区内116个坑塘分类建立整改台账，制定出切实可行的整治方案。针对生活型、生产型、生活生产型坑塘，根据各行政村、社区居委会自然条件和经济基础，分类制定整治标准、整治措施。例如：对村庄内或村庄醒目位置的生活型坑塘，以改善人居环境为主，达到坑岸无垃圾、水体无污染、环境优美为标准，通过合理配置水生植物，实施岸坡生态绿化，配置休闲步道及娱乐设施，提升群众生活环境品质。对远离村庄、以蓄水灌溉为主的生产型坑塘，以周边无垃圾、水体无污染、岸坡整齐、建有生态廊道为标准，并保持汛期调蓄水功能，使坑塘成为镇村周围的"雨水罐""蓄水池"，满足防洪除涝和蓄水补源要求。对生活生产型坑塘，在满足生产型坑塘整治标准的基础上，着力打造环境优美的人文景观，达到生活、生产合一，人与自然和谐共生的效果。

（三）属地管理，科学整治

按照属地管理原则，将整治任务逐一分解，因地制宜推进实施。一是疏浚坑塘。各行政村、社区居委会按照职责对责任坑塘进行全面清淤疏浚，恢复坑塘蓄水能力。二是清除垃圾。各行政村、社区居委会按照职责对责任坑塘内垃圾进行彻底清理，在坑塘周围布设垃圾筒，落实垃圾分类、转运及处理制度，对污染源实行双面截控。三是整修岸坡。对坑塘岸坡进行整修，保证岸线平顺、稳固。四是净化水质。采取种植水竹、水柳、睡莲等水生植物,布设生态浮床的方法,达到既净化水质又美化环境的效果。五是加强防护。在坑塘周围设置防护栏,在醒目位置竖立防溺水安全警示牌,有效防护群众安全,提升群众防溺水意识。六是污水处理。结合美丽乡村建设,建立健全农村污水处理系统,坚决杜绝污水排入坑塘。七是美化设施。在坑塘周围铺设休闲便道,开辟休闲区域,安装健身器材,种植风景花木,使其具备景观和休闲功能。以演集街道办事处韩寨村王楼组坑塘整治为例,此处坑塘四围用绿竹围栏做防护,坑岸建有亭台水榭,四围道路曲径通幽,健身器材、花木组合,农田瓦舍,碧水盈澈,成为城乡居民流连忘返的生态旅游地,多次被《河南日报》《商丘日报》《今日永城》等媒体报道。

演集街道韩寨村坑塘水生植物布设

(四)严格考核,建管并重

根据不同坑塘存在的主要问题,实行差异化绩效评价考核,对成绩突出的河长、塘长及责任单位由演集街道办事处给予表彰奖励,对失职失责的严肃问责。建立健全河长、塘长"日常 + 专项"考核体系,考核结果与工作经费、干部使用挂钩。2020 年以来,先后评选出东升社区、文化社区、光明社区、韩寨村、天齐村、滨湖社区等 6 个河长制工作先进单位,并颁发了奖牌,兑现了 1000 元现金奖励,有效鼓舞了干群河流保护和坑塘管护的干劲儿,促进了河长制各项工作任务落地生根,开花结果。

严格坑塘移交程序,切实做到建管并重。为建立健全农村坑塘维修养护管理体系,明确管护主体和管护责任,各行政村、社区居委会在对责任坑塘整治竣工验收后,对坑塘进行建档立卡、定位编号,严格按照程序移交给塘长进行日常管护。同时,吸收当地热心村民、河道保洁员和各行政村、居委会建立起"坑塘义务监督员"队伍,采取每天"一巡一报"。在各行政村、居委会带领下,"坑塘义务监督员"每天至少开展一次坑塘巡查,及时发现问题,解决问题,对暂时不能解决的,利用电话、微信群报上一级河长处理的方式进行坑塘巡查管护,有力促进了坑塘管理的良性运行。

三、取得成效

演集街道办事处结合实施乡村振兴战略全面推行河湖长制,围绕水系景观完善城乡规划,依托水系景观带连片推进美丽乡村建设,各级河长、湖长守土尽责,打造出天蓝、地绿、水清、岸绿、景美的河湖景象。该街道办事处先后荣获国家生态镇、全国文明镇、国家卫生镇和河南省乡村振兴示范镇、河南省特色生态旅游示范镇等荣誉称号。办事处所辖16个行政村创建成省级示范村4个、市级示范村12个,创建五美庭院1460户;时庄村被评为全国民主法治示范

演集街道韩寨村坑塘岸边休闲廊亭

村、全国乡村治理示范村和国家 AAA 级景区;陆楼村被评为全国文明村;韩寨村等 10 个行政村、社区居委会被评为商丘市文明村。

四、经验启示

(一)全面推行河长制,坑塘治理需要"打通"思路

全面推行河长制,农村坑塘治理需要因地制宜,"打通"思路。坑塘、沟渠等小微水体距离百姓最近,它们的治理看似是小事,却关乎广大群众的切身利益。治理和保护好坑塘、沟渠等小微水体,为群众打造绿色、健康、优美的生活环境,是关注民生、保障民生、改善民生的重要体现,是民心所向、政之所趋。永城市演集街道办事处以河长制工作为抓手,结合农村环境整治三年行动,开展农村水环境综合整治,采取综合措施恢复水生态,逐步消除农村黑臭水体,不断收获群众点赞。

(二)美化水生态环境,各级河长需要"绣花"功夫

改革争在朝夕,落实难在方寸。如果把大江大河喻作河流的大动脉,农村坑塘、沟渠则是河流的"毛细血管"。如何打通这些"毛细血管",让"大动脉"里永远流淌洁净、新鲜的血液,需要基层干部狠下"绣花"功夫。演集街道办事处不断加快治河护河工作步伐,认真开展巡河调研,将"带着问题去巡河"贯彻巡河始终,强化责任担当,认真履职尽责,把方向、管大局、做决策、保落实,推动河长制工作从"有名有实"向"有力有为"转变,较好地改善了农村水环境。

(执笔人:郭艳梅　张鑫　张宇向　时晓江　刘道永)

全面推行河长制　建设魅力新光山

——信阳光山县多措并举促进河湖长制有力有为 *

【摘　要】　为全面落实绿色发展理念,推进生态文明建设的内在要求,2017 年以来,光山县以河长制为抓手,全面推动河流"三清一净"、河流综合治理、水塘治理、水污染防治等行动的落实,适时统筹推进生态旅游、产业升级、鱼塘养殖等多方面工作,人民群众的获得感、幸福感、安全感显著增强。

【关键词】　河长制　综合治理　河长治

光山县自 2017 年全面推行河长制以来,坚持以习近平生态文明思想为指导,秉持"绿水青山就是金山银山"理念,认真贯彻落实国家决策部署,推动全县水生态、水环境持续改善。2020 年,光山县被国家生态环境部命名为"绿水青山就是金山银山"实践创新基地,用不争的事实向社会各界展现生态文明建设的巨大成就。在全面推行河长制过程中,光山县积极探索大胆实践,重抓"三清一净"、河流治理、水塘治理、水环境治理,由于措施成效显著,全县河湖面貌显著提升,并形成长效管护机制,以河长制助推河长治,每一条河流都向着"河畅、水清、岸绿、景美"的目标迈进。

一、背景情况

光山县水资源丰富,境内河流众多,塘湖堰坝星罗棋布。白露河、潢河、寨河、竹竿河 4 条淮河一级支流从东到西依次排列,由南向北流经光山汇入淮河,在这四条大河上分布着大小河溪 100 余条。其中,流域面积在 30 平方千米以上的河流 21 条。境内有大型水库 2 座,大型水闸 2 座,小型一、二类水库 143 座,塘湖堰坝 3 万多

＊信阳光山县水利局供稿。

处。目前,全县县、乡、村三级河长体系已全部建立。其中,县级河长 16 名,乡级河长 102 名,村级河长 287 名。

二、主要做法

(一)以督导为抓手,促进"三清一净"为主的河流清洁行动的落实

开展河流清洁行动,是全面推行河长制的一项基础工作,也是改善水生态环境的一项有效途径。河湖清洁行动开展以来,光山县印发了《光山县开展河流清洁百日行动方案》,县级河长办印发了《光山县河流清洁行动和专项联合执法检查活动实施方案》,在全县范围内开展河流"三清一净"(清理垃圾、清理杂物、清理违建及洁净水面)行动,彻底整治"乱堆乱放、乱倒乱弃、乱占乱建、乱围乱堵"等河湖污染问题。

(1)清理垃圾。全面清理倾倒在河、塘、沟、渠内的垃圾,包括生活垃圾、工业垃圾、建筑垃圾、渣土、农业生产废弃物等。

(2)清理杂物。全面清理闸坝、桥涵、提灌站等水利工程设施周边区域有碍景观、影响环境卫生的堆积物、障碍物等杂物,如废弃的网箱、机具、设施等。

(3)清理违建。全面清理拆除河道岸坡的临时厕所、废弃棚屋、摊点等违法违章建筑,及时平复关停废弃砂场的作业场地,拆除采砂设备,清理河道内堆放的砂石物料等废弃物。

(4)洁净水面。全面清理打捞藻类、水草、垃圾等水面漂浮物,保持水面干净。

在河流清洁行动中,全县共出动机械 20 台次,清除垃圾堆放点 40 余处 2 万多吨,拆除排污口 8 个,新建过滤池 9 座,拆除过水桥 1 座、违章建筑 5 处、混凝土 1200 立方米。实现无垃圾、无杂物、无违建和无漂浮物的"四无"目标,全面消除"垃圾河"现象,恢复河道自然生态,改善人居环境。

对清洁后的河流,光山县以督导为抓手,促进"三清一净"为主的河流清洁行动的落实。县河长办根据县委、县政府主要领导安

排,按照河长制工作要求,坚持每月进行一次暗访检查,对暗访检查发现的问题建立问题清单,逐一交办到县级河流对口协助单位和属地政府,要求限时整改到位。在整改节点,县政府要求县河长办会同相关河流县级对口协助单位现场督查整改情况,对还未整改的、整改不到位的或者虚假整改的,现场再次交办。一周后,县河长办会同县委县政府联合督查室、县人民检察院驻县河长办检察联络室、相关河流县级对口协助单位,组织县电视台对整改情况进行曝光,对曝光后还未整改的乡镇,县河长办将问题形成书面材料报送县第一总河长、总河长、副总河长以及县级河长,并提请相应县级河长对下级河长进行约谈,同时抄报县纪委、县委组织部,并建议将相关情况作为各乡镇人民政府年终绩效考核依据。2021年以来,县河长办已进行8次暗访检查,2次专题检查,共交办问题30多个,已全部整改到位。

（二）以河流治理为抓手,推动河长制工作向纵深方向发展

近年来,随着城镇化、工业化的加速推进,河湖的生态环境遭到严重破坏,人水相争矛盾凸显,河湖突出问题乱象丛生,加之人们在河道上持续开采几十年,导致河床普遍下切、河道坍塌,严重影响河道行洪安全,危害两岸群众生命财产安全。破败的河流两岸,有污染企业、畜禽养殖场、餐饮摊点等造成的工业污水、生活废水、腐馀垃圾、人畜粪便,全部排入河中,使之成为垃圾河、臭水沟。

河湖生态退化,河床河体毁坏严重,治理河湖成为全县人民的热切期盼,也迫在眉睫。

自2017年全面推行河长制以来,县委、县政府把握时局,积极作为,将河湖治理作为落实河长制工作的重点示范工程。

在全面推行河长制中,县委、县政府出台了《关于进一步加强县级河长工作的通知》《光山县河长制工作县级河长会议制度》《光山县河长制工作县级督察制度》《光山县河长制工作县级考核问责和激励制度》等一系列重要举措,在治理河湖中,提出了"生态河湖"理念,这些措施起到了举足轻重的作用。

是时,官渡河开展沿河"三违"整治行动,取缔官渡河两岸小吃店 30 余家,拆除各类违建 8600 余平方米,群众自拆 2.1 万平方米,关停砂场 6 家,撤离采砂船只 30 多艘,有效遏制了侵占河道水域及岸线等行为。同时,积极开展沿河绿化活动,潢河沿岸共植树 3 万余棵,完成河两岸绿化长度 20 余千米、面积 66.67 余公顷。尤其是治理后的潢河光山城区段,不仅美化了城区环境,更提升了城市品位。同时 1#、2# 橡胶坝的建成,能蓄水 1840 多万立方米,形成约 733.33 公顷水面,相当于一个大型水库,两个橡胶坝水面联通,蓄水到位后,形成约 15.8 千米的人工长湖,让官渡河城区段更加美丽多姿,并且扩张了城区湿地面积,涵养地下水源,增加了生物多样性,全面提升了潢河治理成效。同时拉大了城市框架,助推光潢一体化发展,促进光山县经济社会和生态环境的快速发展。

为适应时代步伐,建设魅力新光山,光山县将继续以河长制为抓手,以潢河城区段综合治理为样板,加强全县大小河流的综合治理。向全县城区内河及乡镇河流延伸拓展,坚持生态战略定力,加大河流生态治理力度,使河长制真正落到实处,稳步实现"河畅、水清、岸绿、景美"的目标。

近几年来相继完成了县城紫水河、护城河、七星湖河、千家堰河等县城内河的清淤工作,以及截污、绿化、亮化等工程。凉亭乡、白雀镇、南向店乡、寨河镇等乡镇政府所在地内河整治全面或基本完成。呈现出了潢河光山县城段、白露河白雀园镇段、临仙河凉亭段、寨河环山沟段等河流河段亮点,为光山县河长制工作向纵深方面发展起到积极推动作用。

(三)以水塘治理为抓手,推动河长制工作向小微水体延伸

为全面推行河长制,光山县不仅注重城区段河流治理,而且积极开展河长制向小微水体延伸全覆盖工作,把农村水塘治理工作与水环境治理、水污染防治连接起来,按照谁投资谁受益的原则,对门口塘、碟子塘、污水塘进行整治,着力解决农村水少、水脏的问题,切实改善农村水环境。

孙铁铺镇刘渡村大湖

截至目前,光山县已治理水塘 1.5 万多口,有效增加蓄水量 5000 多万立方米,提高了农田灌溉面积,使农业增产、农民增收。并对治理后的水塘实行塘长制管理,实现农村水塘有人建、有人管。在塘边竖立塘长公示牌,上面公布水塘名称、编号、面积、整修时间、塘长姓名、联系方式、管护目标等,强化落实管护责任,将水塘管护列入村规民约,不断建立完善水塘管护长效机制。

(四)以水污染防治为抓手,促进全县排污口综合整治

(1)实施内河治理。为治理好内河,通过 PPP 模式,对县城 10 条内河进行清淤、截污、护岸整治、亮化、生态修复工程,治理全长 19.315 千米,项目总投资 18600 万元。水质显著改善,水质断面达标比例 100%,无劣 V 类水质。

(2)实施入河排污口治理。印发了《关于开展入河排污口调查摸底和规范整治专项行动的通知》,全县共排污查入河排污口 13 个,并聘请苏州生态研究院对这些排污口进行生态治理,达到达标排放。

(3)实施生活污水治理。光山城区有两个污水处理厂,总规模 5.5 万吨每日,光山县城区生活污水集中处理率达 91.94%。

同时,县供销社对全县 16 个乡镇建成区及 15 个村污水进行收集处理,投资 49700 万元建设农村污水处理设施,对农村生活污水集中处理,处理后的水要达标排放,极大地改善了农村人居环境。

三、经验启示

(一)领导重视是前提

县委、县政府牢固树立"绿水青山就是金山银山"理念,以人民群众对美好生态环境的追求为目标,注重人与自然和谐发展,秉承"智慧光山、园林光山、海绵光山"的战略要求,全面落实河长制,对全县河流及水塘进行综合治理,以推动全县水生态、水环境持续改善,使河湖面貌显著提升。

(二)综合治理是关键

河湖综合治理、水塘治理、水环境治理的成功实践为河长制湖长制工作向纵深方向推进积累了宝贵经验!光山县将持续坚定生态战略定力,深入推进河长制湖长制,以河湖综合治理为抓手,示范带动全县其他河流的系统治理,在河流治理中统筹水上水底、岸上岸下、上游下游协同联动,实现综合治理。

(三)河湖长制是保障

全面推行河长制,是党中央、国务院为加强河湖管理保护做出的重大决策部署,是落实绿色发展理念、推进生态文明建设的内在要求,为维护河湖健康生命、实现河湖功能永续利用提供了制度保障。光山县认真贯彻落实党中央决策部署,全面推行河长制,为治理塘湖堰坝提供了根本遵循。

(执笔人:余效前 梅松林 胡桂枝 李正铜 王兵 魏泽才)

从"脏乱差"到"洁净美"的蝶变之路

——周口项城市长虹运河"清四乱"专项行动纪实*

【摘　要】　随着工业化、城镇化的快速推进,河南项城市河湖利用与保护失衡,超标排污、围垦湖泊、侵占河道等现象普遍,河湖脏乱、水体黑臭、生态退化等问题急剧凸显,2018年长虹运河水质超Ⅴ类,被省、市列入黑臭水体治理督办重点河道。2019年以来,项城市以全面推行河长制为抓手,逐河设立党政河长,实现"有人管";建立河长牵头,河道主官为"纽带"的"交办、督办、会办、查办"工作机制,实现"合力管";编制实施一河一策实施方案,实现"管得住";坚持目标导向,打造生态美丽河流,实现"管得好"。项城河流生态环境明显改善,长虹运河再现水清、河畅、岸绿、景美的景象,人民群众获得感、幸福感、安全感明显增强。全面推行河长制,必须抓住党政领导这个"关键少数",建立以地方党政领导负责制为核心的责任体系;必须坚持问题导向,统筹山水林湖田草系统治理;必须把不断满足人民群众对美好生态环境的新期待作为出发点和落脚点,持续发力,久久为功。

【关键词】　水生态修复　河长制湖长制　党政领导负责制

2016年10月11日,习近平主持召开中央全面深化改革领导小组第二十八次会议并发表重要讲话。会议强调,保护江河湖泊,事关人民群众福祉,事关中华民族长远发展。全面推行河长制,目的是贯彻新发展理念,以保护水资源、防治水污染、改善水环境、修复水生态为主要任务,构建责任明确、协调有序、监管严格、保护有力的河湖管理保护机制,为维护河湖健康生命、实现河湖功能永续利用提供制度保障。

---

*周口项城市水利局供稿。

一、背景情况

根据现状调查显示,项城市长虹运河存在的突出问题,主要表现在以下几方面:首先是历史遗留问题较多,情况错综复杂。在沿长虹运河拆迁的 968 户中,符合补偿户 127 户,占比 13.1%;不符合补偿推进的违法建房户 841 户,占比 86.9%。但在实际拆迁工作中,被拆除户认为当初建房时,相关单位出具了建房证明,无论证件是否具有合法性,都应该得到政府补偿,这是拆迁工作中遇到矛盾的主要方面。其次是部分群众环保意识差。沿岸集镇居民在河道两侧随意搭建饭店等餐饮场所 35 处,非法设置厕所 11 个,设置养鸭、养鹅、养猪、养羊等非法养殖场 6 个,这是造成河水严重污染、水质发黑发臭的主要方面。最后是沿岸居民法律意识淡薄。长虹运河沿线经过村镇较多,涉河违建项目涉及企业厂房 12 处、加油站 4个、超市 7 家等问题,这是造成拆迁工作中的严重阻力。

长虹运河整治之前两岸临河建筑

党的十八大以来,项城市委、市政府深入贯彻落实习近平生态文明思想,积极践行"绿水青山就是金山银山"理念,按照中央决策部署,坚持问题导向和目标导向,制定《关于全面深化河长制改革的实施方案》,在全市范围内全面推行河长制湖长制,推动山水林田湖草系统治理,既治乱又治病治根,打造生态美丽河湖。各级河长以高度的政治责任感和使命感,主动领责,勇于担当,集中力量啃下了一批河流管理保护中的"硬骨头",河流生态环境得到改善,沿岸群众的幸福感和获得感显著提升。

长虹运河岸坡整治图片

二、主要做法

项城市委、市政府把推进生态美丽河湖作为一项政治任务来抓,聚焦问题、多措并举,全面开展河湖"四乱"整治,水环境质量得到明显改善。

(一)加强组织领导,把握重点环节

为扎实开展长虹运河依法"清四乱"工作,项城市成立了由市委副书记、主管副市长、相关单位负责人组成的"清四乱"专项行动指挥部,指挥部下设法规宣传、协议签订、信访稳定、安全拆除、跟踪督导和善后处置等6个职能小组。市政府印发了《项城市106国道长虹运河沿线建筑物拆除方案》,先后召开8次专题会议和现场会,听取工作情况汇报,研究部署任务,把"清四乱"专项行动纳入全市民生改善内容。

(二)采取有效措施,化解矛盾风险

针对长虹运河住户多、矛盾多、诉求多的实际,项城市坚持生态

和民生建设同抓、生态和群众利益同要。一抓政策宣传。市政府印发了《关于清除长虹运河河道两侧内侵占河道违法占地和违章建筑的通告》，在涉河村庄、城镇的醒目位置悬挂宣传标语和横幅，向村镇发放宣传单1万多份，张贴通告320张，张贴宣传标语、悬挂条幅46条，发放宣传手册500册，设置宣传版面12块，营造了浓厚的工作氛围，推动了河湖"清四乱"工作的顺利进行。二抓精准补偿。拆迁办对涉及拆迁的建筑物进行编号和测量，按照相关政策启动符合补偿条件拆迁户补偿程序。经过多方考量，将涉及符合经济补偿条件的90户下放回流户和37户统建户，经过评估后符合救济性补偿标准，及时予以救济性补偿。三抓思想工作。市政府抽调市直有关职能部门90名工作人员，分类分批走村入户，讲解政策，耐心疏导，让群众加深对河道治理重要性的认识，消除部分涉事群众的抵触情绪和观望心理，取得群众的支持和理解。比如，高寺镇娄堤村民张海军在外地搞防水工程，他拿出100多万元，在自家门口公路边河道堤防内建起四层楼房，刚装修好还没有来得及入住就划入拆迁范围。刚开始他始终不同意拆迁，拆迁办的同志轮番登门十多次，还请来他的亲戚朋友帮助劝解，用真情打动了这位朴实的村民，最终同意按期拆除。

（三）建立长效机制，创新管护模式

项城市把"清四乱"与"管长远"有机结合起来，在建立长效机制上做文章。一是压实河长履职责任。各级河长要按照要求开展好巡河工作，巡河时使用项城市河长制APP，对巡河过程中发现的问题要通过手机APP及时上传照片或视频，问题处理率要在规定时限内达到100%。二是压实河长制成员单位履职责任。充分发挥部门联席会议制度的作用，加强沟通联动，信息共享，定期会商河流治理保护中存在的突出问题。三是大力推进"河长制+"行动。在推行"河长+警长""河长+检察长"的基础上，充分发挥河长制治水平台优势，着力彰显河流在经济社会发展中的辐射带动作用，通过"河长制+富民""河长制+乡村振兴""河长制+基层社会治理"等各种形式载体,进一步加大河长治水的经济效益、社会效益和管理效益。四是充分发挥民间河长的作用。进一步抓好"民间河长""巾帼河长""企业河长""巡河志愿者"的选取和落实,充分发挥民间力量在宣传治河政策、收集反映民意、监督河长履职、搭建沟通桥梁等方面的作用,调动社会公众参与河流保护治理工作的积极性。五是强化监督考核。加强对河长的绩效考核,实行差异化绩效评价考核,将考核结果作为工作业绩考核评价的重要依据。实行生态环境损害责任终身追究制,对因失职、渎职导致河流生态环境遭到严重破坏的,依法依规追究责任单位和责任人的责任。

长虹运河整治后图片

三、经验启示

(一)领导抓和抓领导,是做好"清四乱"的重要前提

项城市把"清四乱"工作作为党委政府的中心任务,各级河长认真履行职责,把河湖管理保护作为自己的"责任田",主动扛起河湖管理保护责任,抓部署、抓落实、抓督办,把河长制各项措施落到实处,协调解决了一批涉河难题。

(二)懂政策和讲方法,是做好"清四乱"的关键要素

项城市面对历史性、长期性遗留问题,不等不靠不拖,灵活运用

拆迁惠民政策,善做思想教育工作,对需要拆迁的 90 户下放回流户和 37 户统建户,经过评估给予救济性经济补偿,既保护了河湖生态环境,又维护了社会大局稳定。

(三)抓治理和保民生,是做好"清四乱"的根本途径

项城市在开展"清四乱"过程中,始终坚持走群众路线,始终站在全局和群众的角度思考问题,把抓好中心工作与关心群众生活有机统一起来,没有简单执行行政命令,更没有激化社会矛盾,达到了让组织放心、让群众满意的目的。

(四)抓重点和点带面,是做好"清四乱"的有效方法

为破解难题、打开工作局面,项城市以问题数量较多、清理难度较大的秣陵镇作为突破口,从群众关注度较高的下放回流户和统建户入手,采用"一把尺子、一个标准、一个步骤、同步拆除"的方式,统筹推进"四乱"清理工作,仅用较短时间就将秣陵镇 308 户违章建房全部清理到位。

(五)治当前与管长远,是做好"清四乱"的终极目标

项城市治理当下突出问题敢于迅速出击,解决问题立竿见影。同时,能够着眼长远,从思想教育、管理机制、环境保护、监督管控方面,积极想对策、想办法,形成了一整套管控经验,必将持续发挥应有的活力与效力。

(执笔人:丁月良)

狠抓河长制工作为乡村振兴提供环境支撑

——周口沈丘白集镇以河长制为抓手推动生态美丽小镇建设*

【摘　要】　治理和保护好一方河湖,为群众营造良好的人居环境,是各级党委政府的重要职责。近年来,白集镇全面推行河长制,让每条河流都能够健康可持续发展,同时把河长制和农村人居环境整治、美丽乡村建设、黑臭水体治理及农村水系综合整治、高标准农田、土地综合整治修复、水环境综合整治等项目统筹实施、综合治理。全镇生态环境明显改善,人民群众的获得感、幸福感明显增强。

【关键词】　河长制　乡村振兴　人居环境

水是生命的源泉、发展的命脉、生态的根基,是人类生存发展不可或缺的基础性资源。党的十八大以来,党中央高度重视生态文明建设和水资源管理保护工作。2016年11月28日,中共中央办公厅、国务院办公厅印发《关于全面推行河长制的意见》,在全国全面推行河长制,构建责任明确、协调有序、监管严格、保护有力的河湖管理管护机制。全面推行河长制,是推进生态文明建设的必然要求,是解决我国复杂水问题的有效举措,是维护河湖健康生命的治本之策,是保障国家水安全的制度创新,是中央做出的重大改革决定。以下以沈丘县白集镇为例,介绍河长制工作的实践成效。

一、背景情况

白集镇位于沈丘县北部,是沈丘县的北大门,位于沈丘、郸城、

＊周口沈丘县白集镇供稿。

淮阳三县结合处,素有"鸡鸣听三县"之称。全镇总面积61.4平方千米,可耕地0.4万公顷;辖38个行政村,97个自然村,63580人。辖区内主要河流4条,分别是兀术沟、老蔡河、西蔡河、沙北总干渠,总长度32.3千米,支流37条、长68千米,坑塘230个,沟渠96条,水域总面积约373.3公顷,域内水利资源相对丰富。

白集镇刘楼村坑塘整治后

多年前,随着经济社会的不断发展,白集镇河湖污染问题不断积累,老问题还没有解决,新问题又不断出现,造成河流、水体污染严重,群众反映强烈。比如:群众生活污水直排、各类养殖场的粪水乱排问题;小麦、玉米等农作物秸秆河道内乱倒问题;部分小散乱污企业产生的废水乱排乱放问题等,严重污染河道水质。

党的十八大以来,白集镇党委政府深入贯彻落实习近平生态文明思想,积极践行绿色发展理念,按照中央决策部署,认真落实省、市、县相关工作要求,坚持问题和目标导向,在全镇范围内全面推行河长制,把河长制和小微水体治理作为乡村振兴、人居环境改善和美丽城镇建设的重要抓手,统筹施策,综合整治,全镇环境面貌明显改善,人民群众的获得感、幸福感明显增强。

二、主要做法

白集镇党委政府牢牢扭住河长制工作这个治水的有效抓手,把推进生态美丽河湖建设作为一项政治任务来抓。

(一)组建工作机构,落实工作责任

1. 强化组织领导

编制印发了《白集镇全面推行河长制实施方案》,成立了白集镇河长制工作领导小组,由镇党委书记任组长,镇长任第一副组长,镇班子成员任副组长,相关单位负责人为成员。领导小组下设河长制办公室,办公地点设在水利站,抽调相关人员集中驻点办公,承担全镇河长制日常事务工作。

2. 明确主体责任

全镇4条主要河道全面建全了镇、村两级河长制体系。镇党委、政府主要领导担任总河长,镇级河道由镇党委班子成员任河长,村级河道由村党支部书记任河长。全镇共设有乡镇级河长4个,村级河长28个。通过扎实推进河长制工作,全镇水资源管理和河流保护工作得到进一步加强。

3. 加强巡查督办

建立河长巡查制度,明确镇级河长每月巡查1次、村级河长每周至少巡查1次;印制了《河长工作日志》并下发到各级河长手中,督促各级河长按时巡查河道,做好巡查笔录,并将巡查结果及时上报镇河长制办公室,对巡查中发现或群众举报的问题,通过"河长制工作联系单",实行交办、督办、查办,对存在的12处问题,明确专人负责,确保事事有落实、件件有回音。

(二)完善制度建设,强化督查考核

1. 河道公示牌全面覆盖

全镇4条镇级、28条村级河道均在显著位置安装了河长制公示牌,公示牌上标明河道长度、起止位置、河长姓名、河长职责、管理目标、举报电话等。

2. 认真摸排,心中有数

为全面掌握境内河流的水资源水环境、水生态状况,白集镇进行实地调查,建立了目标、问题、任务、责任四个清单,根据建立的问题清单明确了相应的责任单位和责任人。在此基础上形成了《白集镇基本情况调查报告》,建立了一河一档,编制了一河一策方案,形成了问题台账。为扎实开展河长制工作,镇党委、政府制定了《白集镇河长制工作7项制度》《白集镇全面推进河长制工作方案》等文件,按照文件要求,细化了工作目标,明确了工作措施,为河长制工作的开展提供了决策依据和基本遵循。

3. 考核奖惩动真碰硬

镇河长办坚持开展每周一巡查、每月一考核、每季一汇总,对每季度考核前五名的村进行奖励,并将全年考核结果与年终村组干部工资报酬挂钩。

(三)强势推进工作,确保水质达标

1. 抓河道综合治理,建长效管护机制

一是全镇所有水面均实行网格化管理并组织专人对坑塘淤泥、枯叶杂草、水面垃圾等进行清理,使河流旧貌换新颜。为提高全民爱水护水意识,通过村村通广播、宣传栏、入户发放宣传页等多种形式宣传"河长制"工作,积极引导群众主动参与到保护水资源的活动中来,让环境保护的意识深入人心。二是结合乡村振兴战略,以提升农村水环境质量为目标,采取分区治理、工程措施与生物措施相结合的方式,因地制宜打造农村河道生态治理特色亮点工程。三是通过开展"厕所革命"、农村人居环境整治,提升了农村生活垃圾处理及农村面源污染治理能力,有效实现了水环境污染源头减量。

2. 抓农村坑塘治理,改村民居住环境

农村河流及坑塘,由于长期无专人管理,成了污水坑、垃圾场,且有的被周边村民侵占,脏乱差现象严重,群众意见很大。镇党委、政府顺应民意,积极开展坑塘治理工作,采取项目支撑、社会捐赠、群众出工等形式,筹集资金480万元,对各行政村小微水体进行综合整治,改善人居环境。如白集镇刘楼村,2个多年来污染严重的旧坑塘,通过治理改造后,把廉政、法治、孝廉、文化等元素植入其中,打造成了一个占地8公顷的集廉政教育、休闲、娱乐、健身为一体的乡村游玩好去处。如今游人如织,水清见底,鱼鸭嬉戏,鸟语花香,音乐亭台,生态廊道,令人留连忘返。

白集镇刘楼村沟渠整治后

3. 抓小散乱污治理,保无污水入河

结合环保督查工作,全面取缔辖区内所有小散乱污企业。全镇所有畜禽养殖户均按照"四到位"的要求长期督查、管理,确保无畜禽粪便污染河道。严格落实河道"清四乱"专项整治工作,要求各村强化责任意识、任务意识、时间意识、长效意识,紧扣时间节点,实行属地管理,任务包干,落实管控措施。镇水利站、河长办等部门分工督查到村,一包到底,强势推进各项工作落实到位。共排查出垃圾堆放、违章建筑、畜禽养殖等违规违法问题11处,通过各部门协同推进,这些问题得以全面解决,河道水质明显改善。投入890万元在镇区铺设污水管网,建设污水处理厂1座。2020年,由各村组织人员300余人次,打捞河道垃圾及漂浮物近15吨。

三、经验启示

(一)加强组织领导,防止责任虚化

白集镇党委、政府就河长制工作多次召开专题会议,制订白集镇

河长制工作实施方案,部署相关河长制工作。成立了白集镇河长制工作领导组织,建立了镇、村两级河长责任体系,解决了"为什么干""干什么""怎样干"的问题。

(二)突出坑塘治理,改善人居环境

白集镇把推进河长制工作与农村小微水体治理作为乡村振兴的重要抓手,将农村人居环境整治、美丽乡村建设、黑臭坑塘治理、河流生态修复、水环境综合整治等项目统筹施策,实行综合治理,农村面貌大为改观。

(三)建设美丽河流,群众共同参与

河流的治理、管护、保洁,需要大家的共同参与,为增强居民爱河、护河的自觉性,白集镇以村为单位,以村民为载体,多形式、多角度、全方位宣传河长制工作,让群众了解河长制工作的重要性,自觉参与到爱河、护河的行动中,形成"共管、共享"的良好氛围,为河道水体长治久安奠定良好的群众基础。

(执笔人:李文岭　王子清)

集中整治　综合治理　建立机制
昔时"臭水河"如今"幸福河"

——周口郸城县以河长制为抓手全面加强河湖生态治理*

【摘　要】　2017年以来,周口郸城县坚持生态立县战略,强力推进河长制,按照"集中整治、系统治理、建立长效机制"思路,扎实推进河湖管理保护工作。针对县域河道临河乱建、垃圾乱堆、水质污化等问题,强力开展河湖"清四乱",拆除了一大批涉河违建;以整治河道黑臭水体为突破口,系统谋划建设了洺河生态水系工程,建立了河湖长效管护机制,全县河道生态环境质量得到大幅提升,河湖管理保护水平明显提升。

【关键词】　河长制　绿色发展　生态水系建设

自全面推行河长制以来,周口郸城县按照"节水优先、生态立县、绿色发展"战略,以深入推进河长制为抓手,强化党政领导治河、护河责任,系统开展河湖综合治理,加强河湖日常管护,建立"一河一档",编制"一河一策"方案,重点实施洺河生态水系建设,境内洺河水系由昔日的"臭水河"如今蝶变为造福群众的"幸福河",成为郸城县一张亮丽名片,提升了城市品位,增强了人民群众的获得感和幸福感。

一、背景概况

郸城县位于黄淮平原腹地,豫皖两省交界,面积1490平方千米,是中国书法之乡、中华诗词名县。县域内流域面积100平方千米以上河道12条,人均水资源量仅为225立方米,水资源严重缺乏。20世纪90年代以来,贯穿郸城整个县城、被全县人民誉为"母亲河"的

---

*周口郸城县水利局供稿。

洺河两岸临河建房侵占岸线,河道内垃圾乱堆,水质恶化,臭味刺鼻,人民群众反映强烈。对此群众编出顺口溜:"七十年代淘米洗菜、八十年代洗衣灌溉、九十年代鱼虾绝代、如今沿岸群众受害"。

2016年11月,党中央做出了全面推行河长制的重大决策部署,郸城县委、县政府深入贯彻落实习近平生态文明思想,积极践行"绿水青山就是金山银山"理念,从解决人民群众反映最强烈的洺河黑臭水体问题入手,统筹水资源、水环境、水生态、水灾害,深入开展河湖"清四乱",结合"一河一策",实施洺河生态水系建设,并以此为突破口,推进河道全域治理,县域河湖生态面貌得到大幅改善。

郸城县洺河城区段

二、主要做法和取得成效

郸城县成立由县委书记任第一总河长,县长任总河长,主管副县长任县级河长制办公室主任,水利局等18个单位为成员的全面推行河长制工作领导小组,紧紧围绕河长制六大任务,压实责任、突出重点、系统治理,建立长效管护机制,推进全县河湖生态面貌持续改善。2019年郸城县被水利部授予"县域节水型社会建设达标县"。2020年郸城县洺河生态旅游区被评定为国家3A级旅游景区。

郸城县洺河城区段

(一)抓住主要矛盾,开展河湖突出问题集中整治

针对人民群众反映强烈的临河建房、垃圾乱堆乱放、水体黑臭等突出问题,县领导深入一线巡河调研,查阅资料了解河道变迁,广泛征求群众意见,走访老党员、老干部寻方问计,决定打一场声势浩大的河湖整治攻坚战。郸城县印发河湖"清四乱"行动方案和歼灭战实施方案,深入开展河湖"清四乱"行动,协调各乡镇和职能部门对河道乱占、乱采、乱堆、乱建等"四乱"问题进行全面排查,摸清底数、建立台账,对"四乱"问题依法依规进行认定和清理,做到发现一处、清理一处、销号一处。县河长办加强暗访核查,充分利用交办、督办等方式,督促问题整改到位、措施落实到位。2020年全县共清理整治"四乱"问题221个,其中拆除违章建筑13100平方米,清运垃圾11450余吨,清除河内杂草、漂浮物4万多平方米,全县基本实现了河道"四无"目标。针对临河建筑物突出问题,全县坚持因河施策,一方面县政府成立拆迁工作指挥部,科学制订征迁安置补偿方案,通过政策宣传引导和入户走访,让群众主动搬迁。2017年初,在洺

河生态水系建设中实行阳光征迁、和谐征迁50多万平方米,没有发生一起群体性信访事件。另一方面全面推行"河长+检察长"机制,借助司法力量,推动问题有效解决。2020年11月,县河长办、水利局和城郊乡、双楼乡开展联合行动,对西洺河城郊乡薛庄段沿河23间500多平方米、双楼乡庙集段沿河58户320间10000多平方米违建依法进行集中拆除,拆除行动由县人民检察院全程进行法律监督,效果明显。在此基础上,由县河长办牵头全面完成30条河道管理范围划界工作。

(二)坚持系统理念,实施河湖水生态环境综合治理

郸城县委、县政府经过广泛调研、反复论证,聘请中国城市建设研究院科学规划,编制了《郸城县洺河生态水系黑臭水体治理与环境景观提升工程可行性研究报告》,与中国一冶集团组建战略合作联盟,实施郸城有史以来最大的民生工程——洺河生态水系建设,围绕"打造洺河生态水系、美化老家郸城"目标,对洺河及其相连通的调水渠、五里河、劳武河、杨白沟"三河一沟一渠"23.9千米、194.8万平方米水环境进行综合治理,先后实施黑臭水体治理与环境景观提升工程,通过管网铺设、清淤截污、生态净化、引水补源、第二污水处理厂提质增容及新建第三污水处理厂、管理调度中心等六大工程项目,实现沟渠相通、水域相连、活水流动、复始循环,彻底消除了城市黑臭水体。根据洺河沿岸原有的地形地貌,结合每阶段独有的历史渊源和所承载的文化内涵,郸城县对47.8千米的河岸进行绿化、美化、亮化,建设了体现老子文化的"洺水之舞公园"、体现王禅文化的"纵横天地公园"、体现中国书法之乡的"书法文化园"、体现健康时尚的"运动公园"和体现生态环保的"森林乐园",改建、重建王子升仙亭、红军碑广场等景观节点,形成了"五带五园一环多点"的滨河景观。

(三)着眼长远发展,建立河湖管理保护长效机制

河长制能否实现"河长治",制度保障是关键。郸城县着力健全长效机制,实现从"短治"变为"长治"。一是建立财政投入机制。

县财政每年拿出专项资金用于河道管理保护,并积极引导社会资本参与,建立长效、稳定的河道管理保护投入机制。通过政府购买形式选聘县、乡社会监督员、巡河员、保洁员,对河道水污染、河流漂浮物、河边垃圾、河道违法违规及偷倒、偷排等问题形成有效监督,打通了河湖管护"最后一公里"问题。二是加强日常管护。严格落实巡河制度,县级河长每季度巡河一次,乡级河长每月巡河一次,村级河长每周巡河一次,河道管理人员每天巡河一次,洺河管理委员会对洺河生态水系每天实行巡查监管。同时,郸城县组建"郸城河长制"微信群,县、乡、村三级河长和有关职能部门负责人、环保监督员等成员一经发现河湖问题,立即拍照上传,河长及责任部门快速反应,主动认领,限时处置。河长制办公室加强跟踪问效,确保问题整改到位。三是强化督导考核。县河长制办公室及有关成员单位抽调人员组成督查小组,每季度组织一次督查,对发现的问题及时交办整改。实行"河长制"工作"党政同责、一岗双责、失职问责",开展全县流域水质评比,每年公布乡镇"河长制"成绩单和各流域水环境状况,严格落实考核奖惩机制,并将考核情况作为领导干部综合考核评价的重要依据。

三、经验启示

(一)主要领导重视是前提

落实河长制关键要抓住党政领导这个"关键少数","一把手"亲自推动,协调解决重大问题,加大资金投入,压实拉紧责任链条,层层织密河湖责任网,持续推动河湖面貌改善。郸城县党政主要领导主动扛稳扛牢河湖治理保护的政治责任,对河湖长制工作亲自部署、亲自推动、亲自落实,深入洺河生态水系建设施工现场实地调研、现场办公,及时解决项目实施过程中的实际问题,积极督导河湖"清四乱"工作,为保障项目顺利实施、重点工作深入推进提供了坚强的组织领导保障。

(二)实施系统治理是关键

河湖问题表象在水里,根子在岸上,根治河湖问题,需要坚持系统思维,治标与治本相结合,统筹上下游、左右岸进行系统治理。郸城县首先针对河湖出现的临河违建、垃圾乱堆乱放、水质恶化等突出问题进行集中整治,解决了一系列河湖乱象。在此基础上,对全县河道进行系统规划,通过实施生态水系建设等综合性工程措施,解决了"河道不畅、水质不优、生态不美"的问题,县域河道生态环境得到极大改善,城市品位明显提升,人民群众的幸福感和获得感明显增强。

(三)建立长效机制是根本

对河湖管护不能单靠一时的突击整治,根本的要从建立长效机制入手。郸城县通过建立可持续的财政投入机制、稳定的护河员队伍、强有力的监管手段、科学的考核评价机制等措施,真正建立了一套严密的河湖管理保护运行长效机制,实现了由"河长制"向"河长治"的转变。

(执笔人:李宗彦)

工作机制硬起来　河湖监管强起来

——驻马店市创新机制抓实河湖长制工作*

【摘　要】　驻马店市委、市政府高度重视生态环境保护工作,为解决河湖保护中存在的问题,2018 年在全省率先出台文件规定:在流经相应县(区)的河道和各县(区)行政区域内的湖泊发现一处非法采砂点、弃置矿渣、石渣、垃圾、畜禽养殖污染等问题的,由市财政扣减相应县(区)财力;对省河长制办公室暗访驻马店市发现的问题,加倍扣减相应县(区)财力,同时,实行约谈制度。2020 年 9 月,市委办公室、市政府办公室出台《关于进一步加强河长制工作的通知》,对河湖长制提出了更加严格的要求,将水灾害防治纳入河湖长制工作任务。强化督导检查,有效地促进了驻马店市河湖治理的进度和措施完善,全市河湖面貌得到极大改善。

【关键词】　管护机制　督查问题　扣减财力

　　全面推行河长制以来,驻马店市委、市政府按照"规划引领、制度先行、专项突破、示范带动、督导考核、宣传发动"的思路积极谋划,积极构建责任明确、协调有序、监管严格、保护有力的河湖管理保护机制,尤其注重对河长制工作的督导奖惩,采取务实管用的政策措施,有力推进河长制工作任务的落地见效,河湖长制工作从"有名有实"向"有力有为"转变,以河长制促进河长治。目前,驻马店市河畅水清、岸绿景美的河湖水域美景越来越多,天中大地上的河湖生态明显改善,人民群众的幸福感显著增强。

一、河湖背景

　　驻马店市位于河南省中南部,素有"豫州之腹地、天下之最中"的美称,地跨淮河、长江两大流域,以西部桐柏山、伏牛山余脉为界,

---

＊驻马店市水利局供稿。

向西为长江流域,向东为淮河流域。长江流域面积1680平方千米,占全市总面积的11%;淮河流域面积13403平方千米,占全市总面积的89%。境内流域面积在30平方千米以上的河流209条,河流总长5383.5千米,总流域面积45766.2平方千米。有大、中、小型水库186座,其中大型水库4座,中型水库10座,小型水库172座[小(1)型水库33座,小(2)型水库139座]。

驻马店市全面推行河湖长制以来,大部分县、乡、村河湖长认真履职尽责,积极牵头抓好河湖管理保护工作。但仍存在少数县(区)河长重视程度不够,河湖管护职责未落实,部分河段乱倒垃圾、乱丢杂物、生活污水直排河湖、河湖水流不畅等问题时有发生,为彻底解决存在的问题,让河湖水清流畅、岸绿景美,驻马店市委、市政府推出了创新管护机制、约谈制度、巡查督导等一系列行之有效的措施,确保河湖长制落地生根。

二、主要做法

(一)坚持规划先行,健全河湖长制工作机制

自全面推行河湖长制以来,驻马店市立足当下、着眼长远,以市委两办名义印发关于全面推行河长制实施意见、全面推行湖长制实施意见等3个指导性文件,出台水利、生态环境、自然资源、交通运输、农业农村等8个专项实施方案,建立河长巡河、局际联席会议、激励问责等11项工作制度,形成了驻马店市全面推行河湖长制"3+8+11"的总体布局。2020年9月,为加快推动河湖长制工作从"有名有实"向"有力有为"转变,驻马店市委办公室、市政府办公室出台了《关于进一步加强河长制工作的通知》(驻办〔2020〕10号),对河湖长制提出了更加严格的要求,将河湖"清四乱"纳入经常性工作,将水灾害防治纳入河湖长制主要任务,形成了一套较为完善的工作推进机制,使驻马店市河湖长制体系更加完善。在治理河湖"四乱"中出台《关于建立完善采砂管理长效机制的意见》,通过政府主导、部门监管、市场化运作模式,加快推进机制砂代替天然河砂工作,取

得明显成效,全市机制砂年产规模达 5000 万立方米,有效满足本地及周边建设用砂供需矛盾,实现了生态效益、经济效益的"双赢"。

(二)坚持问题导向,强化河湖督导问责

2018 年,驻马店市政府办公室先后出台了《关于严格落实河长制湖长制加强河道湖泊管理工作的意见》(驻政办〔2018〕2 号)和《关于严格落实河长制湖长制加强河道湖泊管理工作的补充意见》(驻政办〔2018〕139 号),首次把河湖治理纳入政府奖惩考核。文件规定:在流经相应县(区)的河道和各县(区)行政区域内的湖泊发现一处非法采砂点、弃置矿渣、石渣、垃圾、畜禽养殖污染等问题的,由市财政扣减相应县(区)财力,最多扣减 50 万元,同时,对省河长制办公室暗访驻马店市发现的问题,按照补充意见规定,加倍扣减相应县(区)财力。

2019 年,经省、市河长制办公室暗访发现汝南、新蔡、泌阳、遂平县和驿城区等县(区)存在污水直排、河道违建以及采砂掘挖河堤等问题,驻马店市河长制办公室按照规定对相关县(区)给予通报批评,并扣减 50 万元至 100 万元的财力。截至目前,驻马店市河长制办公室按照规定对所有存在问题的县(区)均进行了通报批评,累计扣减相应财力共计 2680 万元,有力推动了河长制各项工作的全面落实。

同时,驻马店市人民政府成立了十个督导组,印发了《河道湖泊管理工作督导方案》,每个督导组由市河长制成员单位的 1 名处级领导任组长,对全市 13 个县(区)河湖存在的问题进行明察暗访,督导督查。对工作开展不力、履职尽责不到位的县(区)河长进行通报,问题严重的交由纪委、监委予以立案审查。驻马店市河长制办公室先后对正阳、西平等县(区)的 12 名县乡级河长进行了约谈。2018 年 9 月中共驻马店市纪委下发了《关于五起损害生态环境责任追究典型问题通报》,对因环境整改不到位、工作失职造成环境污染问题的 5 名乡村责任人分别给予政务警告处分、党内警告处分。

驻马店市河长办、市检察院召开公益诉讼局际联席会

(三)坚持目标引领,强力整治河湖突出问题

坚持以习近平生态文明思想为指导,以"河畅、水清、湖净、岸绿、景美"为目标,主动担当作为,开展河湖突出问题整治。2018年以来,驻马店市相继开展了河流清洁百日行动、打击非法采砂、排查封堵排污口、河湖"清四乱"、严禁围垦河道堤防和整治破堤种植等多个专项行动,通过以上措施的落实,驻马店市水环境质量明显改善,垃圾河、黑臭水体、沿河养殖等问题基本消除,城乡河湖面貌得到了明显改善。2018年,由于驻马店市在河湖治理工作中的突出成绩和先进经验,"河南省河流清洁百日行动暨饮用水水源整治现场推进会"在驻马店市召开。2019年1~8月,省控断面地表水质量达到或优于Ⅲ类水质断面比例为44.4%,无劣Ⅴ类水质断面,1~7月累计获省水环境质量生态补偿金388万元。驻马店市在2017年度、2018年度、2019年度连续三年被省攻坚办评为水污染防治攻坚战优秀等次,2020年度被省生态环境厅表彰为2020年度水环境质量改善先进集体。2019年、2020年在省级河长制工作考核中,驻马

店市连续被评为优秀等级,分别位列全省第一名、第二名。

三、经验启示

(一)系统设计、科学规划是全面推行河湖长制工作的先决条件

"凡事预则立、不预则废"。驻马店市在推行河湖长制过程中按照中央、省两级顶层设计方案,结合自身实际,系统性地谋划出了河湖长制"3+8+11"的总体布局,从总体安排、专项方案、工作制度等方面全方位谋划河湖长制工作,为深入推进河湖长制工作奠定了坚实的基础。同时,结合整治河道非法采砂专项行动,按照"惩防并举、疏堵结合、标本兼治"的思路,严打非法采砂、规范合法采砂、推广应用机制砂,多措并举、多管齐下抓好河砂治理,特别是结合本区域实际,利用花岗岩废石加工生产机制砂,变废为宝、一举多得,较好地解决了建设用砂供需矛盾的问题,实现了经济效益、生态效益的"双赢"。

(二)强化问责、传导压力是推动河湖长制工作从"有名"向"有实"转变的有效手段

驻马店以市政府办公室名义下发文件,采取行政手段与经济处罚挂钩,对发现的河湖问题不仅要通报批评、约谈、问责,还要对存在问题的县(区)进行扣减财力处罚,多方发力、传导压力,促使县、乡两级党委政府在河湖监管中做到及时发现问题、快速处置问题,防止小问题演变为大问题。通过实施行政处罚与经济处罚挂钩制度,将河湖监管的责任实实在在传导到基层乡镇一级,解决了基层治理保护河湖中存在的敷衍拖沓、推诿扯皮等问题,成效明显,辖区内河湖"四乱"问题明显减少。

(三)较真碰硬、真抓实干是抓好河湖长制工作的根本路径

习近平总书记指出:崇尚实干、狠抓落实是我反复强调的。如果不沉下心来抓落实,再好的目标,再好的蓝图,也只是镜中花、水中月。驻马店市委、市政府不折不扣贯彻执行党中央、国务院和省委、省政府重大决策部署,坚决把河长制扛在肩上、抓在手上、落实在行

动上,通过扎实开展河湖突出问题专项整治、深入推进"四水同治"工程、系统开展水环境治理修复等工作,一步一个脚印地抓好河湖治理保护的各项内容,在水污染防治、水生态修复、河砂管理等方面成绩在全省均位于前列。实践证明,对上级决策部署坚定不移地贯彻执行、对各项工作真抓实干、较真碰硬,未来必将赢得丰硕成果。

(执笔人:李虎　朱琳琳　韩旭阳)

严格落实生态文明建设
多措并举推进河湖长制

——驻马店泌阳县推行河长制的生动实践*

【摘　要】　自 2005 年以来,泌阳县持续加大对东部发达地区的招商引资力度,经济得到较大增长,但生态环境质量持续下降,存在着经济发展与生态保护的关系不协调问题。全面推行河长制以来,泌阳县委、县政府高度重视、高位推动,坚持把河湖长制作为全面深化改革、实施生态立县战略的重要内容,强化水生态环境治理,不断改善河湖面貌,取得明显成效。2019年 11 月,河南省机制砂推广应用现场会在泌阳县召开,泌阳县依托自身资源优势,引进先进的再生资源,利用骨干企业,建立驻马店市大宗固废循环利用产业示范基地,保护青山绿水,践行习近平生态文明思想,加快机制砂的推广应用,为全省机制砂推广提供示范和样板。

【关键词】　生态修复　清河行动　机制砂

泌阳县积极践行生态脱贫、生态富民理念,创新治水思路,县河长办在原有的县、乡、村三级河长的基础上,结合扶贫工作实际,落实分村分河段负责制,聘请建档立卡扶贫对象担任河道巡河员,探索建立推行河长制与精准扶贫有效结合的制度,既扩大了环境整治的社会队伍,也让贫困户增加了一份稳定收入,通过"河长制+精准扶贫+物质激励"的管理模式,充分调动了沿线群众保护河湖的积极性,发挥群众主体作用。

一、背景情况

泌阳县面积 2335 平方千米,人口 90 多万人,是中国盘古圣地,

＊驻马店泌阳县水利局供稿。

位于河南省驻马店市西南部,伏牛山脉东麓,南阳盆地东隅,境内伏牛山与大别山两大山脉交汇,长江与淮河两大水系相分流,东部地区属淮河流域,西部地区属长江流域。境内水资源丰富,河流众多,大小河流 153 条,多为江、淮两大水系支流上游河。自 2005 年以来,泌阳县持续加大对东部发达地区的招商引资力度,年均 GDP 增长率达到 10% 以上,逐步形成了医药、化工合成、水泥、棉纺、食品、饮料、饲料加工等产业体系,年均 GDP 增长率达到 10% 以上。经济虽然增长了,但生态环境质量持续下降,污水排放、垃圾进河、水体黑臭等污染问题愈发突出,沿河群众怨言不断,如何协调经济发展与生态保护的关系成为摆在县委、县政府面前的头号问题。

二、主要做法

2017 年,全面推行河长制以来,泌阳县委、县政府高度重视、高位推动,坚持把河长制作为全面深化改革、实施生态立县战略的重要内容,以制度建设统领,把建章立制贯穿到河长制工作全过程。

(一)坚持示范引导,以河长履职推动基层尽责

2017 年 9 月,县级层面印发《泌阳县全面推行河长制工作方案》,出台了县级河长制信息共享报送、督查、考核问责及激励、验收等十二项制度。县委、县政府主要负责同志多次召开县委常委会议、县政府常务会议、县级总河长会议,研究部署河长制工作重点事项。2017 年底前,全面建立了县、乡、村三级河长体系,负责泌阳河、柳河、马谷田河等河流的 20 位县级河长全部到岗到位,实现了党委政府领导担任县级河长全覆盖。同时,坚持问题导向,县级河长每月至少巡河一次,发现问题就地交办,责任单位及时反馈整改进度,形成交办、整改、反馈、销号的工作闭环。在县级河长的带动下,各部门紧密结合单位实际,持续加大河长制落实力度;乡村两级河长充分发挥了"探头"作用,发现问题及时报送、及时制止,实现了"以河长巡河带动部门巡查、以河长履职带动基层尽职"的工作格局。另外,泌阳县加快建立河湖自然资源资产产权制度,实施生态

空间确权登记,严格水生态空间管控,对流域面积在 30 平方千米以上的河流、水面面积在 1 平方千米以上的湖泊及其水利工程,依法划定管理范围和保护范围,河长的责任边际更加清晰,问题界定更加准确,管理手段更加高效。

(二)聚焦突出问题,以专项行动强化部门联动

河长制责任体系全面建立以后,泌阳县紧盯河湖突出问题,特别是群众反响强烈、社会关注度高、污染情况严重的河流,出重拳、下猛药,彻底清除顽瘴痼疾,维护河湖健康生命。

1. 开展清河行动治"顽疾"

县河长办牵头,组织各乡镇(街道)1600 余人次、220 多辆垃圾拉运车,对河道及堤岸积存垃圾进行清理,规范整治沿河畜禽养殖场,督促养殖企业落实畜禽粪便无害化处理利用措施,对不达标排放企业限期整改,对影响大、屡教不改者进行处罚,直至强制关停。特别是泌阳河古城段河湖清洁行动,投资 739 万元,清理河道长 700 米,清淤 44 万立方米,取得了明显成效。

2. 开展执法检查严"震慑"

泌阳县建立联合执法机制,定期组织水利、环保、公安、砂石、国土等部门开展联合执法。以水库及上游河道为重点,组织执法人员近 2300 人次,安排大型设备及执法车辆近 300 台,对板桥水库上游、铜山湖水库库区、华山水库库区内非法采砂进行集中整治,拆除撤离非法采砂船只 23 艘,拆除撤离采砂机具 79 套,摊平砂堆、回填砂坑 62 处,拆除采砂点附属房屋 34 间,切断供电线路 51 条,有力打击了涉河涉湖违法行为,形成震慑。

3. 推进部门协同攥"拳头"

县政府印发《泌阳县人民政府办公室关于严格落实河长制湖长制加强河道湖泊管理工作的通知》《泌阳县河湖清洁行动和专项联合执法活动方案》,县纪委、监委出台《泌阳县开展非法采砂打击不力专项整治工作实施方案的通知》。根据县委政府工作安排,组织县河长办、县水利局、县环保局等单位共 230 余人次,对泌阳县流域面积 30 平方千米以上 35 条河流开展河道污染源排查工作,汇总编制问题清单,实施动态清零。

(三)巩固整治成效,以项目建设加速生态建设

(1)推进汝河、泌阳河为泌阳县河流流域生态建设试点,着力解决河流不畅、水量不足、水质不优等突出问题。从河流源头的山丘区进行综合治理,防治水土流失。在板桥水库及柳河上游已完成坡耕地水土流失综合治理 265.2 公顷,水土保持重点治理工程 12 平方千米,种植经济林约 66.67 公顷,现在开工建设的水土流失综合治理项目,计划新修梯田 155.63 公顷,营造经济果木林 23.07 公顷、水土保持林 80.6 公顷,完成综合治理面积 24.77 公顷。

(2)实施流域面积 30 平方千米以上的 35 条河流水环境和生态修复等水环境综合治理工程。县水利部门牵头编制《泌阳县河道生态修复意见》,组织河长办各成员单位分赴春水、象河、铜山、王店等 13 个乡镇,强化技术指导。坚持因地制宜的原则,对河道滩地,宜林则林、宜草则草,对险工地段进行重点保护整治,保障度汛安全,共计修复河堤约 86.8 公顷、耕地约 2.53 公顷,河堤植树约 12.4 公顷,植树 31136 余棵,播撒草籽约 30000 平方米。

(3)强力推进泌阳河生态治理工程和梁河生态治理工程。泌阳县坚持在水生态治理工作中始终坚持"工程型措施与精细化管理相结合"的原则,持续推进县域重点河流生态修复,泌阳县已经累计投资 25 亿元,治理河道 16 千米,先后建成跨河大桥 6 座、橡皮坝 5 座、钢坝 2 座、沿河公园 4 个,高标准完成水生态整治工作,因地制宜打造亲水生态岸线,建设人与自然和谐共生的美丽泌阳。

(4)以生活污水处理、生活垃圾处理为重点,综合整治农村水环境,推进美丽乡村建设。对西二环、泌水河大桥北侧小渠汇入泌水河河段,以及产业集聚区铭普光电西侧污水沟、老县医院南侧污水沟等黑臭水体进行治理,累计投资近 1 亿元,实现了河湖环境整洁优美、水清岸绿。利用 PPP 项目计划投资近 5 亿元对县城区内两条主要排水沟、县城区第一污水处理厂、第二污水处理厂出水段河道建设湿地公园,兴建泌阳县第三污水处理厂。

(四)坚定人民立场,以创新举措筑牢管护网络

泌阳县积极践行生态脱贫、生态富民理念,创新治水思路,县河长办在原有的县、乡、村三级河长的基础上,结合扶贫工作实际,落实分村分河段负责制,聘请建档立卡扶贫对象担任河道巡河员,探索建立推行河长制与精准扶贫有效结合的制度,既扩大了环境整治的社会队伍,也让贫困户增加了一份稳定收入,通过"河长制+精准扶贫+物质激励"的管理模式,充分调动了沿线群众保护河湖的积极性,发挥群众主体作用。在具体实施阶段,县河长办将泌阳县河长制管理的 35 条河流的沿河 297 名贫困户担任河道巡河员,纳入了河长制管理体系,共配备河道巡河员 297 名,每名巡河员每月工资暂定 500 元。

(五)集聚资源要素,以科技手段赋能人工制砂

泌阳县金鼎再生资源利用有限公司积极响应政府号召,针对泌阳县实际情况,提前规划与布局,在 2014 年联合同济大学、中国科学院、三一重工、中联重科等行业知名领先企业与科研机构,共同在遂平公司投资建设了花岗岩试验生产基地,投入科研人员 20 多人,经费数亿元,经过近四年的生产试验后,形成一套专门针对花岗岩特点的生产设备与生产工艺。该设备与工艺,采用最先进的柔性生产法及特殊生产工艺,可将花岗岩生产成为六面体以上的特殊物理结构,能增加机制的强度与压碎值,经河南省质量检验中心检验,强度高于一般河沙,完全符合商品混凝土的材料标准,且不具备放射性,2018 年 12 月在驻马店组织的专门针对泌阳金鼎花岗岩用于混凝土的专家论证会,来自行业专家、科研机构、高等院校、住房和城乡建设局、环境保护局、国土资源局一致认为,可以作为建筑建材使用。目前,泌阳县金鼎再生资源利用有限公司按照"科学选址、科学修复、短期效果与长期机制、统筹运行"的思路,开展示范点生态治理、科学清运,提高废石处理能力,扩大处理范围工作,加快泌阳县金鼎再生资源利用有限公司二期建设,计划建设年产 700 万吨机制砂生产线,项目拟投资 35000 万元,利税 15000 万元。

泌阳县金鼎再生资源利用有限公司

2019 年 11 月,河南省机制砂推广应用现场会在泌阳县召开,泌阳县依托自身资源优势,引进先进的再生资源利用骨干企业,建立驻马店市大宗固废循环利用产业示范基地,保护青山绿水,践行习近平生态文明思想,加快机制砂的推广应用,为全省机制砂推广提供示范和样板。

三、典型经验

近几年来,全县坚持建管并重的原则,不断加强河流管理力度,积极实施河流自然封育政策,通过生态治理,县域内的主要河流如今已经恢复成了林木茂盛、水草丰美、蛙鸣鸟叫的自然状态。在以河湖长制推进生态文明建设的过程中,我们总结出了以下经验。

(一)河湖管理措施能否有效落实,河长重视是关键

在泌阳县河湖长制工作实践中,各级河长以强烈的政治责任感、历史使命感、现实紧迫感安排部署河湖管理工作,无论是专项行动、联合执法、联合巡查,还是项目建设、资金保障、机械治砂,河长的牵头组织协调发挥了关键作用。这其中的原因有两个方面:一方面是生态文明思想的深入人心,引起了地方党政领导的高度重视,把生态的保护摆在了更加突出的位置,借助河湖长制工作,改变"久病未愈"的河湖生态;另一方面是以群众对美好生活的需求作为工作导向,始终坚持人民立场,通过河湖长制为群众提供生态宜居、绿色健康

的休憩地,不断提升社会满意度,建设人与河湖和谐共生的美丽家乡。

(二)建立联防联控机制,唱响河湖管理的"大合唱"

河湖管理工作的关键是用好河长制平台,河长办要充分发挥组织协调的中枢作用,督促引导各成员单位全面全方位参与到河湖管理工作中,明确河道管理事权关系,在联合执法、配置人员、共享信息等方面用创新方式寻求突破,逐步建立多部门联防联控新机制,实现以党政领导为主导、涉河职能部门同频共振、同向发力的水生态保护与高质量发展新格局,有效解决长期以来水利部门"单打独斗"的难题,为河湖管理工作强化了"外力"基础。

(三)严格规范开展执法工作是解决河湖突出问题的有力武器

以河湖突出问题专项整治为契机,涉河有关职能部门要高度重视依法履职工作,重点从河道管理、执法检查和依法查处三个方面,进一步加强和完善河道监管和水行政执法工作,克服等、靠、要等消极思想,对河道内的违法违规问题全面细致摸底排查,掌握辖区河段违法违规问题情况,逐项核实履职履责情况,抓紧整改存在的问题。涉河违法违规问题达到立案条件,严格依法查处、建立台账,认定责任主体,做出符合裁量标准的处罚决定,实行动态管理,确保严格、规范、公正、文明执法。

(四)找准生态保护与经济发展着力点,于"危机"中育先机

河道采砂管理工作十分敏感,稍有疏忽就会引起媒体关注,进而触及到社会的敏感神经,这也成为近年来砂石资源市场供需关系不平衡的重要原因之一。面对这种情况,束手束脚、被动应付地开展采砂管理工作势必难有作为,只有坚持问题导向、追根溯源找原因才能彻底解决河道采砂一放就乱、一管就死的问题。通过深入的调研和市场分析,创新思路、大胆实践,以机制砂的试验应用推广,找到了平衡生态保护与经济发展的着力点,实现了管理"危机"与发展"先机"的有机转化,创新开辟了资源循环产业发展的新路子。

(执笔人:禹建功　禹博　汪源)

深化小微水体治理　描绘水美生态画卷

——驻马店正阳县以河长制为抓手推进小微水体综合整治的探索与实践[*]

【摘　要】　正阳县以全面推行河长制为抓手,针对乡域境内的沟、塘、堰、坝等小微水体流动性差、自净化弱、规模小、数量多等特征,采取压实责任、精准施策、因势利导、属地治理等举措,努力营造县域"生态宜居的水生态、乡风文明的水文化"。河长制责任落实全覆盖,管水治水到村进组入户,打造一批水清岸绿、河畅景美、水村相融、人水和谐的"各美其美、美美与共"的城乡水系,更是"绿水青山就是金山银山"的具体实践。

【关键词】　小微水体　河长制　综合治理

　　河川之危、水源之危是生存环境之危、民族存续之危。习近平总书记指出:保护江河湖泊,事关人民群众福祉,事关中华民族长远发展。正阳县按照"以水美村、以水兴业、以水富民"的发展思路,结合当地特色地理和自然资源,将河长制和乡村振兴战略深度融合,依托彭桥乡大刘村和铜钟镇王寨村小微水体的治理工程,带动全县 20个乡镇(街道)小微水体整治,走出了一条绿色宜居的生态乡村振兴之路。

一、背景情况

　　正阳县南临淮河,北靠汝河,总面积 1903 平方千米,辖 20 个乡镇(街道)281 个行政村,人口 86.6 万人,年平均降水量 930 毫米,县境内共有 30 平方千米以上河流 29 条,其中省级河流 2 条(淮河、汝河),县管河流 27 条,与素有"地球之肾"之称的天然湿地相比,池塘、沟、渠、坝等农村小微水体,由于体积小、分布散、数量多,流动性

---

　　*驻马店正阳县水利局供稿。

差、自净能力弱,散布在田间路边、房前屋后,更像是"肾脏细胞"和"毛细血管",与老百姓的生产生活息息相关。长期以来,黑臭水体、农村生活垃圾、厕所革命推行率低、小微水体污水直排、河道漂浮物、堤身岸坡遍布垃圾,没有一定的宣传力度,很难调动乡村居民管水、护水的积极性。

近年来,正阳县以全面推行河长制为抓手,始终坚持大小共治、水岸同治,从解决群众最急需、最期盼、受益最直接的问题入手,积极消除"群众身边的污染",让百姓身边环境持续得到改善。

正阳县袁寨镇单楼村小微水体整治后

二、主要做法及成效

在县委、县政府的坚强领导下,深入推进河长制小微水体综合整治任务落实,集中解决了一批人民群众反映强烈,影响河湖健康生命的突出问题,将治痛点、去盲点、补弱点、破难点工作纳入河长制小微水体综合整治工作的重要组成部分,推动了"河长制"小微水体综合整治工作落地落实见效,乡村小微水体面貌持续向好,从而带动河长制工作的各项业务工作的开展并取得了好成绩。2020年正阳县河长制工作在市级专项考核中,位居全市第二名;2020年正阳县最严格水资源考核位居全市第三名,县域节水型社会顺利通过水利部验收,成为全国第三批节水型社会达标县。

(一)加强顶层设计,实施一塘一策

小微水体治理的好坏,与群众的幸福指数息息相关;但不同的小微水体形成原因不一样,采取的治理方式必须也要有针对性,做到"因地制宜""精准施策"。2019年底至2020年初,正阳县委、县政府以各乡镇(街道)为单位对辖区内的"沟、渠、塘、坝"等小微水体进行全面排查,将辖区内未纳入河长制管理的小微水体信息进行复核,剔除已纳入河长制管理的河流及堰坝,掌握受污染小微水体的数量、位置、污染源、淤泥、水质等基础情况,并制定一塘(湖)一策,建立小微水体基础档案,按照应录尽录的原则,详细做好记录并建立小微水体名录。

通过"截""清""运""修""绿"等措施,切实有效治理小微水体。"截",就是彻底截除生活污水、畜禽养殖水、小企业污水,全面清除污染源;"清",就是开展池塘淤泥清淤,疏浚沟渠;"运",就是保障已建好的纳管项目和污水处理设施正常运行;"修",就是整修池塘堤岸,完善池塘连通设施;"绿",则是对堤岸、生态岛等进行绿化美化。此外,针对目前部分农村、城中村生活污水直排入渠的现象,将继续推广污水处理设施和三格化粪池项目建设,并落实相关补助政策。

(二)制订整改方案,明确职责要求

"半亩方塘、一湾清水"虽小,却是河湖水系不可或缺的有机组成部分,小微水体生态环境如何直接影响到省管、市管的河湖水质,为切实抓好小微水体管护,正阳县广泛征求乡镇(街道)居民的意见,制订了《正阳县小微水体管护工作实施方案》,明确管护原则、实施范围、管护目标、主要任务和保障措施,为规范小微水体管护提供了保障。

以小微水体名录为基础,各乡镇(街道)结合实际情况,按村对小微水体划分片区,逐片设立了村级河长和管理员,明确管护责任,实现管护范围全覆盖。全县共设立村级河长215名、片区保洁管理员672名。各乡镇(街道)对片区责任人实行动态管理,按照"时时有人抓,事事有人管"的原则,明确职责要求,强化人员责任意识。同时,按照统一规格,制作小微水体河长公示牌1350块,通过公示各个小微水体河长及管理员姓名、联系方式、责任划分等信息,强化社会监督,以确保各项工作落到实处。

(三)强化网格管护,整治初见成效

加强日常保洁网格化管理,以乡镇(街道)管理辖区为网格单元,建立常态化保洁队伍,且加强日常保洁和巡查,聘请各乡镇(街道)的贫困户为保洁员,统一签订协议,统一编号建档,统一购买人身意外伤害险,经培训合格后上岗。落实管护经费,除按照300元每月作为农村固体垃圾无害化处置运行补助基础经费外,每年投入147万元用于生态公益岗及河道保洁专项经费,各乡镇(街道)也加大了日常管护资金配套投入,确保了小微水体日常管护工作有序推进。通过对河湖垃圾、水葫芦、革命草等及时打捞清理,做到"日清理,周巡查,月调度",使保洁工作常态化,确保了小微水体环境卫生、干净整洁。

针对不同小微水体存在问题的根源,正阳县委、县政府精准施策,对症下药,因地制宜开展分类整治,通过以"民办公助""小农水"等小型水利工程建设管理的形式开展坑塘清淤整修、疏浚衬砌、垃圾打捞、沟通水系。2019年以来,"民办公助""小农水"项目计划实施共计2376处,其中高效节水灌溉23处,灌排沟渠小型河道600处,整修沟渠800多千米,治理小微水体1753个,通过验收的180个行政村整治300平方米以上小微水体647个,整治范围占全县80%以上,全县小微水体环境面貌得到有效改善。

(四)示范引领带动,突出亮点打造

开展小微水体管护示范片区创建工作,深入发掘所在地的人文历史,突出乡愁记忆,打造有灵魂、有生机、有文化的城乡景致,以点带面促进流域水环境质量逐步改善,推动全县小微水体管护升级。

2019年以来,正阳县明确6个市级小微水体示范片区创建点,18个县级小微水体示范片区创建点,围绕小微水体"五无"目标,整合创建资金,调度创建工作,真正让水留下来、流起来、净起来、美起来,将小微水体变成小微景观,不断改善人居环境,提升人民群众的获得感、幸福感。

以"四美"乡村整乡推进为契机,在打造美丽乡村中突出亮点,以示范带动全面推进小微水体治理。对已进行"三清一改"的村民组,打造成精品亮点村民组,探索村庄空闲宅基地"一宅变四园",即游园、果园、菜园、花园,每个村民组按照30万~50万元投资进行"五化"齐上提升改造。通过小微水体治理,小微水体水质明显提升,村容村貌明显提升,群众的文明意识明显提升,农村社会风气明显提升,群众的获得感、满意度明显提升。

正阳县铜钟镇王寨村村史馆及小微水体建设

1. 不断优化人居环境,让水净起来

正阳县彭桥乡坚持以人民为中心的发展思想,紧紧围绕农村人居环境整治目标,在突出"三清一改"内容的基础上,扩大了清理整治内容,每两月对各村人居环境整治"三清一改"工作进行观摩,对自然村内沟塘堰坝凡实现无杂草、无垃圾、无淤泥堆积、无漂浮物、无渣土、无黑臭、无违章搭建和障碍物，能保持小微水体洁净，实现环境整洁优美、水清岸绿的村按照200人以上自然村奖补4000元，200人以下自然村奖补3000元的奖补措施，大力推行自然村"三清一改"行动。彭桥乡采取购买服务的形式与森源保洁公司按照辖区人口每人每年60元的标准签订常年保洁协议治理农业面源污染。签订河道保洁协议，开展农药包装废弃物回收工作，每年服务费4万元。共出动保洁人员1.5万余人次，对河流水面和小微水体岸坡的生活垃圾、建筑垃圾及菜地进行全面清理，累计清运生活垃圾、建筑垃圾近2000余吨，基本消除以往农村"垃圾靠风刮、污水靠蒸发、水系脏乱差"的现象。

2.倾心打造美丽乡村，让水富起来

"过去秸秆、猪牛粪便、生活污水都在里面，臭得一塌糊涂，蚊虫到处都是"，铜钟镇王寨村村民陈得华说。为改善村民生活环境，从2019年起，铜钟镇开始对全镇黑臭水体改造(包括铺设污水管网)，疏浚清淤、拓宽沟道等。铜钟镇王寨村支部书记郑林表示：从源头控制，老百姓的生活污水不再直接排到沟塘，通过污水处理站出来的水增加沟塘的蓄水量和一村一景相结合，把这条臭水沟打造成可以供村民休闲娱乐的景观塘。如今，雨污分流工程、亲水步道、村史馆相继建成。村里在14000平方米的池塘里投放了水生植物及黄河鲤鱼，改善沟塘水质，还聘请了贫困户专门针对沟塘进行保洁，增加其经济收入，水清岸绿，鱼翔浅底的景象重新回到眼前。

三、经验启示

小微水体整治的推行给河道管护机制注入了新的活力，实践启示我们，通过治理小微水体，带动乡村人居环境改善，村容村貌提升，才能增强农民环保意识，为实现乡村振兴、全面建成小康社会目标打下坚实基础。

(一)狠抓落实，对症精准施策

治理小微水体，疏通"毛细血管"，既要有流域治理、系统治理的

正阳县付寨乡付寨村保和寨小微水体景观

思路,也要有坚持大小共治、水岸同治,下好河、湖、库、沟、渠、坑、塘"一盘棋";不但要下沉基层,仔细分析小微水体存在问题的症结所在,而且要针对问题的根源,精准施策,对症下药;做好查污溯源,及时查处、严惩违法排污行为;注重运用植物、生物等生态治理技术,着力提升小微水体的自净能力;动员全民参与,把维护水系环境写入"村规民约",充分发挥志愿者力量,共同营造爱水护水的浓厚氛围……事实证明,找对药方,下足功夫,就没有防不住、治不好的"污染症"。

(二)标本兼治,推行长治久安

小微水体是水域环境的根源所在,小微水体治理事关治水工作的成败。要签订小微水体整治责任书,制订"一塘一策""一点一策"的治理方案,排定时间表,明确整治措施、具体责任人,绘制作战图,一项一项抓好整治,深入河道"毛细血管",治理后的小微水体不但治标,也要治本,治标是保持高压态势严厉打击偷排漏排、乱堆、乱倒等行为,治本是时时保持整治后的小微水体有人管、管得住、管得好。消除群众身边的污染,看似不起眼的小事,却是村级河长和保洁员的大事,要以效果体现担当,让小微水体亮起来,以久久为功展现责任,咬定"长治久清"不放松,着力打通小微水体治理"最后一公里",只有实现山水相依、城水相融、人水相亲,才能不断提升人民群众的获得感、幸福感和安全感。

(三)突出乡愁,助力乡村振兴

当走进彭桥乡大刘村、付寨乡付寨村保和寨,发现这里绿树成荫、屋舍俨然、田园阡陌、花开满径,"悠悠乡愁山水间,袅袅娜娜现炊烟",这种外治水文地理,内兴人文道德的先进经验,只有亲历正阳县打造的小微水体乡村美景才能诠释它。近年来,正阳县实行河流周边小微水体的综合治理,充分发挥人民群众的力量和作用。继续在 20 个乡镇(街道)范围内统筹山水林田湖草,实施旧村落、林盘打造,因地制宜打造治水兴民、因水而美的"一村一景",才能成为正阳县用好水资源、做足水文章,带动当地产业发展和农民增收的成功范例,切实满足人民对美好生活的向往,走出了一条绿色生态、乡村振兴之路。

(执笔人:江斌)

河长履责　部门协同
合力推动黄河流域生态保护

——济源市"携手清四乱 保护母亲河"专项行动纪实*

【摘　要】　黄河沁河是济源人民的母亲河,但频繁的人为活动导致河道滩区生态环境恶化,功能急剧退化,群众怨声载道。为加强黄河流域生态保护,水利部部署在沿黄九省开展"携手清四乱 保护母亲河"专项行动。济源市委、市政府顺应人民群众对美好生活和优美生态的期盼,通过建立完善河长制工作体制机制,制定目标、明确责任,科学谋划,统筹推进,自上而下层层传导压力,形成了党政负责、河长牵头、部门联动、镇办落实的工作格局,确保了专项行动任务的圆满完成,河湖风景更加秀美,群众满意度明显提升。河湖"清四乱"离不开群众的参与和支持,离不开党委政府的坚强领导,离不开科学务实的实干精神。

【关键词】　河湖清四乱　河湖长制　党政同责

2018 年 12 月,由最高人民检察院和国家水利部统一领导,河南省人民检察院和黄河水利委员会共同发起的"携手清四乱 保护母亲河"专项行动启动仪式在郑州市举行。此次专项行动致力于解决黄河流域河湖管理范围内乱占、乱采、乱堆、乱建等问题,要求沿黄流域九个省(区)检察院、河长办通力协作配合,扎实推进河长制湖长制,加强黄河流域生态环境保护,全面摸清并清理整治黄河流域河湖管理范围内"四乱"突出问题,严厉打击黄河流域的"四乱"现象。济源市闻令而动,率先吹响了决胜的号角。

一、背景情况

济源市因济水发源地而得名,是愚公移山精神的原发地,全域属

---

* 济源示范区水利局供稿。

于黄河流域,面积1931平方千米。济源,因水而生,因水而兴。济水在这里平地涌泉,福泽人民;黄河在这里碧波荡漾,润泽万物;沁河、蟒河等55条黄河支流,在这里形成两岸青山映绿水的风景长卷。

"携手清四乱 保护母亲河"专项行动的重点和难点在沁河。沁河是黄河中下游三门峡至花园口区间两大支流之一,在济源市流经克井、五龙口、梨林三镇。沁河五龙口、梨林段两岸堤防间宽度平均达800~3000米,滩区面积较大,沿河村居群众素有在滩区耕作生活传统,频繁的人为活动导致滩区生态环境恶化。根据排查,五龙口镇、梨林镇滩区内共有养殖场445户、石料加工厂6家、金属回收再生利用企业1家,非法采砂屡禁不止,畜禽养殖泛滥、污粪乱排、垃圾乱倒现象普遍,滩区满目疮痍,蚊蝇滋生,恶臭扑鼻,环境恶化,功能急剧退化,群众怨声载道。

"携手清四乱 保护母亲河"专项行动启动后,济源市委、市政府站在讲政治的高度认真践行习近平生态文明思想,对照排查台账,出台方案,全面安排、全面部署。先后4次召开专项行动的动员会、推进会,各级河长严格履责,积极作为,累计拆除违章建筑3.35万平方米,清除滩区垃圾1.3万立方米,清理滩区畜禽养殖场445户,拆除养殖圈舍16.4万平方米,整治非法排污口4处。黄河小浪底库区沿线乱建问题全部整改到位,风景更加秀美;沁河滩养殖小区得到有效治理,困扰济源市多年的沁河滩区畜禽养殖污染得以解决,群众满意度明显提升。

二、主要做法

绿水青山就是金山银山。济源市委、市政府站在讲政治的高度重视此次专项行动,充分利用河长制工作平台,通过建立完善河长制工作体制机制,制定目标、明确责任,科学谋划,统筹推进,自上而下层层传导压力,形成了党政负责、河长牵头、部门联动、镇办落实的工作格局。

济源示范区河湖生态修复

（一）逐级压实责任，层层部署

济源市委、市政府明确要求将此次专项行动作为践行习近平生态文明思想的重要抓手，多次召开专题会和推进会，市委书记、市长多次深入一线，巡河调研，安排部署有关工作；分管副市长一线指挥，强力推进落实，坚决打赢专项行动攻坚战；市河长办充分发挥组织协调和督导职能，汇同检察机关，针对问题特性，制订实施方案，明确责任主体，杜绝推诿扯皮，严格督导验收；各相关职能部门认真履责，主动担当，抽调骨干人员，积极参与专项行动；各相关镇党委政府严格落实属地主体责任，主动作为，分别成立攻坚组，负责辖区范围内四乱问题的整治工作。构建了河长牵头、部门协同、属地落实的组织体系，形成了强大的工作合力。

（二）完善工作机制，强力推进

一是建立联席会议制度。成立了由分管副市长为指挥长，市河长办及成员单位主要领导为成员的专项整治领导小组，领导小组一月召开一次联席会议，掌握了解专项活动进展情况，专题研究解决难点问题，部署阶段性工作。二是落实周例会制度。由市河长办牵头，相关成员单位参加，每周一下午进行集中会商，协调解决有关问题，保证了专项行动的顺利开展。三是坚持日报告制度。各镇政府一天一通报、一天一研判,河长办一天一汇总、一天一上报,市政府对开展较快的及时予以表彰,对进展缓慢的予以通报。四是实现河道环境整治与检察监督有机结合。市河长办与检察机关密切沟通,携手攻坚克难,有力推动了"清四乱"工作的开展。检察机关严守"当好党委政府的法治助手"这一定位不偏离,按照"把准定位、积极稳妥、突出效果、多赢共赢"十六字工作理念,积极履责,把开展检查监督和公益诉讼的出发点和落脚点放在以法治手段帮助河长解决河湖生态治理保护难题上,充分用好诉前检察建议和提起诉讼两大办案手段,助推河长制工作开展。针对反映突出的沁河济源段非法采砂、违法占用河道建养殖小区等问题,检察机关向五龙口镇、梨林镇政府发出诉前检察建议,要求其承担起属地管理责任,依法制止违法行为;向黄河河务局、国土资源局发出诉前检察建议,要求其履行行业管理职责,依法查处违法行为;针对沁河滩区存在的养猪场非法排污问题,向生态环境局发出诉前检察建议,督促履行监管职责,并监督整改落实。专项行动中,检察机关共立案公益诉讼案件6起,发出诉前检察建议10份,实现了行政监管职能与司法监督职能的双赢、共赢,确保了专项行动依法强力推进。五是建立与检察机关的长效联动机制。为巩固"携手清四乱 保护母亲河"整治成果,加强沟通协调,建立打击破坏河湖生态违法行为,维护河湖生态环境的长效机制,市河长办与济源市人民检察院联合印发了《济源市黄(沁)河河道管理范围内行政执法和刑事司法衔接制度》和《关于设立济源市人民检察院驻市河长制办公室检察联络室的暂行办法》,定期会商,分析研判,巡河检查,督导整改,形成了共同保护母亲河的长效机制。

(三)分阶段定任务,步步攻坚

一是加大宣传、营造氛围。为使"保护母亲河"观念深入人心,济源市河长办依托报刊、电视、网络等媒体,采取多方式、多渠道、全方位宣传。在重点区域、明显位置悬挂横幅、安装喷绘标语300余条,张贴专项整治公告、限期拆除奖励公告1000余份,出动宣传车巡回宣传相关政策，召开村干部动员会、政策宣传讲解会60余次，走访群众5000余户次，营造了良好的舆论氛围，得到了群众对整治工作的理解和配合。二是分类处理、集中整治。针对"四乱"问题，采取"台账式管理、清单式督办、销号式办结"工作模式，根据难易程度分类建立台账，按照先易后难的方法，首先对乱堆问题及黄河库区分散的乱建问题进行督办，明确整改标准及期限，先行整改，打开工作局面；其次是狠抓重点、难点，强力推进沁河滩区445户养殖小区整治。养殖小区整治涉及民生，市委、市政府十分重视，明确要求整治工作要在做好生态保护的基础上，做到"群众不减收、拆违不拆心"。市河长办组织相关单位在认真调查研究、充分考虑养殖户切身利益的基础上，制定出台了畜禽养殖场（户）限期拆除鼓励政策，市、镇两级财政积极调整年度预算，投入3000余万元用于拆除奖补，对在规定期限内主动配合拆除设施者，给予平均每平方米100元的奖励。同时，协调相关企业对主动拆除养殖小区的养殖户每户安排一个就业岗位，并在拆除过程中积极帮助养殖户销售畜禽、处理附属品，解决百姓拆迁中的实际困难和后顾之忧，赢得了广大养殖户的理解和支持，积极配合拆迁清理工作。通过系列有效举措，445户养殖户中443户主动签订了拆除协议。三是联合执法，依法行政。对拒不自行拆除的2家养殖场，由市防汛抗旱指挥部组织相关部门依法实施了强制拆除。同时针对沁河滩区6家石料厂和1家金属回收再生利用企业，市河长办组织公安、河务、国土、环保等相关部门开展了3次联合执法，针对企业存在的违法问题集中查处，督促其主动拆除了违规建筑及生产设备。四是清运垃圾、同步修复。及时恢复地貌，组织清运拆除后的畜禽养殖场、建筑物废弃物料共约19.35万立方米；在巩固专项行动现有成果的基础上，总投资162400万元，开工建设引黄调蓄工程和水系连通工程、城市生态水系工程等7大项工程项目建设，全力实施河湖生态治理，推进黄河流域早日实现"河畅、水清、岸绿、景美、人和"的目标。

三、经验启示

(一)"民心是最大的政治",整治河湖四乱,离不开群众的参与和支持

济源市在"携手清四乱 保护母亲河"专项行动中,"以百姓心为心",强化服务意识,把赢得民心作为重要着力点,通过全方位的宣传和政策宣讲争取到了群众的参与和支持;在四乱整治工作中,坚持做到"拆违不拆心,工作暖人心",积极帮助养殖户解决拆迁中的实际困难,制定奖励政策,将养殖户的损失降到最低,用实际行动赢得了广大养殖户的理解和支持,保证了"携手清四乱 保护母亲河"专项行动任务的圆满完成,彰显了顺应人民群众对美好生活和优美生态的期盼,就是赢得了最大的民心。

(二)"积力之所举,则无不胜",整治河湖四乱,离不开党委政府的坚强领导

济源市委、市政府坚定政治站位,积极践行习近平生态文明思想,始终坚持对"清四乱"工作的坚强领导,压实责任,统筹协调,强化督导,综合施策,充分整合各方力量,探索实践"河长+检察长"机制,推动"携手清四乱 保护母亲河"专项行动工作任务的圆满完成,证明了推行河湖长制,必须坚持党政同责,领导站位是关键。

(三)"事不避难者进",整治河湖四乱,离不开科学务实的实干精神

河湖"四乱"问题的形成,绝非一朝一夕,而是长期积累的顽疾,解决起来千头万绪。济源市党委政府始终坚持问题导向,敢于直面难题、善于解决矛盾,各级河长和相关部门主动作为,勇于担当,认真调查研究,找准问题症结,创新体制机制,分类处理,科学施策。政策宣讲不厌其烦,沉得下去;处理问题当机立断,硬得起来。确保了"携手清四乱 保护母亲河"专项行动任务的圆满完成,诠释了难题只有在实干中才能破解,实干只有用科学的方法才能干实。

(执笔人:赵雷平)